BIBLIOTHÈQUE DES MERVEILLES

PUBLIÉE SOUS LA DIRECTION

DE M. ÉDOUARD CHARTON

L'OPTIQUE

PARIS. — IMP. SIMON RAÇON ET COMP., RUE D'ERFURTH, 1.

Spectre montrant l'absorption par la vapeur de Sodium (Fig. 6.)

Spectre Solaire (Fig. 5.)

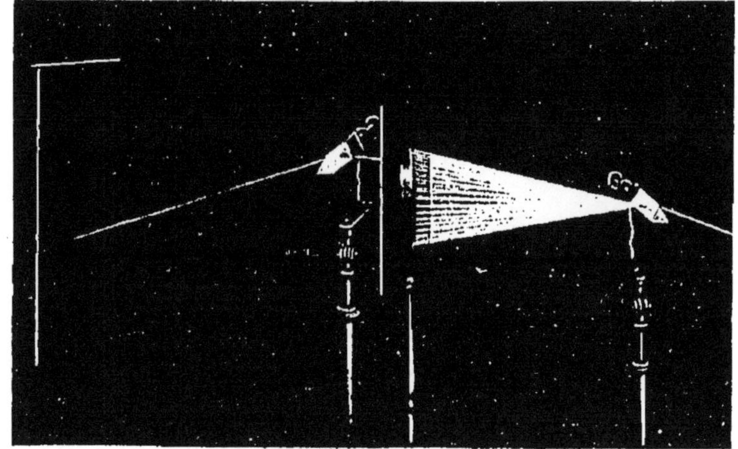

Action d'un prisme sur les rayons simples (Fig. 7.)

Imp. F. Lamoureux r. de Lacépède, 38 ... Paris

BIBLIOTHEQUE DES MERVEILLES

L'OPTIQUE

PAR

F. MARION

OUVRAGE ILLUSTRÉ DE 70 VIGNETTES SUR BOIS
ET D'UNE PLANCHE TIRÉE EN COULEUR
Par A. DE NEUVILLE et JAHANDIER

PARIS
LIBRAIRIE DE L. HACHETTE ET Cie
BOULEVARD SAINT-GERMAIN, N° 77

1867

PHÉNOMÈNES DE LA VISION

I

L'ŒIL

Le sens de la vue est à la fois le plus admirable et le plus utile de nos organes. C'est par lui surtout que nous acquérons la connaissance du monde extérieur. Le jeu des autres sens est incomparablement plus limité. Le toucher ne s'étend pas au delà de notre propre corps. Le goût n'est lui-même qu'une espèce particulière de toucher, plus délicate et plus exquise. L'odorat ne peut s'exercer qu'autour de nous, à une faible distance, et l'ouïe est limitée à l'éloignement où les sons les plus intenses cessent d'être accessibles à notre sensation. Mais la vue a le privilége unique d'étendre son travail ou ses jouissances au delà de cette sphère restreinte. Non-seulement elle est l'origine de nos jugements sur tous les objets qui nous entourent, non-seulement elle nous révèle notre place et celle des choses extérieures ; mais encore, grâce aux merveilleuses découvertes d'un art sans égal, elle découvre maintenant d'un côté l'infiniment petit d'un monde invisible ignoré pendant des siècles, et d'un autre côté l'infiniment grand de l'univers sidéral. Par l'une, elle descend dans le labyrinthe harmonieux des atomes; par l'autre, elle s'élève vers des régions inaccessibles et visite en souveraine les merveilles inénarrables des cieux.

Admirable par cette puissance, l'œil nous séduit encore par sa beauté particulière. Sans parler de son mécanisme intérieur, sur lequel nous nous entretiendrons tout à l'heure, contemplons un instant son aspect extérieur. N'avez-vous jamais admiré ces yeux si purs et si doux, ces yeux noirs voilés de longs cils, ou ces yeux bleus comme le ciel et profonds comme lui, rayons dont la muette éloquence est irrésistible ! Si le visage de l'homme est le tableau sur lequel viennent se peindre les impressions, les affections ou les désirs de la pensée, les yeux sont le foyer et la lumière de ce tableau, et c'est dans leur miroir qu'apparaissent tous les sentiments dont notre âme est traversée.

Lorsque l'âme est tranquille, dit Buffon, toutes les parties du visage sont dans un état de repos; leur proportion, leur union, leur ensemble, marquent encore assez la douce harmonie des pensées et répondent au calme de l'intérieur : mais lorsque l'âme est agitée, la face humaine devient un tableau vivant, où les passions sont rendues avec autant de délicatesse que d'énergie, où chaque mouvement de l'âme est exprimé par un trait, chaque action par un caractère, dont l'impression vive et prompte devance la volonté, nous décèle et rend au dehors, par des signes pathétiques, l'image de nos secrètes agitations.

C'est surtout dans les yeux, ajoute le grand naturaliste, qu'elles se peignent et qu'on peut les reconnaître. L'œil appartient à l'âme plus qu'aucun autre organe : il semble y toucher et participer à tous ses mouvements; il en exprime les passions les plus vives et les émotions les plus tumultueuses, comme les mouvements les plus doux et les sentiments les plus délicats; il les rend dans toute leur force, dans toute leur pureté, tels qu'ils viennent de naître; il les transmet par des traits rapides qui portent dans une autre âme le feu, l'action, l'image de celle dont ils parlent. L'œil reçoit et réfléchit en même temps la lumière de la pensée et la chaleur du sentiment; c'est le sens de l'esprit et la langue de l'intelligence.

Les personnes qui ont la vue courte, ou qui sont louches, ont beaucoup moins de cette âme extérieure qui réside principalement dans les yeux.

On ne peut reconnaître sur leur physionomie que les passions fortes et qui mettent en jeu les autres parties, et l'expression de l'esprit et de la finesse du sentiment a plus de peine à s'y montrer.

L'élégant auteur de l'*Histoire naturelle* pense avec raison que nous sommes si fort accoutumés à ne voir les choses que par l'extérieur, que nous ne savons pas toujours apprécier combien cet extérieur influe sur nos jugements, même les plus graves et les plus réfléchis; c'est ainsi que nous nous faisons une idée d'un homme par sa physionomie qui ne dit rien et nous jugeons dès lors qu'il ne pense rien. Il n'y a pas jusqu'aux habits et à la coiffure qui n'influent sur notre jugement. Puis il déclare avec moins de raison peut-être, qu'un homme sensé doit regarder ses vêtements comme faisant partie de lui-même, puisqu'ils en font en effet partie aux yeux des autres, et qu'ils entrent pour quelque chose dans l'idée totale qu'on se forme de celui qui les porte.

A notre avis, tout en admettant l'utilité morale d'une bonne tenue, nous devons cependant signaler aux jeunes hommes le ridicule où quelques-uns d'entre eux se placent en affectant la mise roide et guindée, importée en France par l'Angleterre. Ce n'est pas l'habit qui fait l'homme, et nous ne sommes pas des poupées créées et mises au monde pour endosser les exhibitions de la mode.

La vivacité ou la langueur du mouvement des yeux fait un des principaux caractères de la physionomie, et leur couleur contribue à rendre ce caractère plus marqué. Les différentes couleurs des yeux sont l'orangé foncé, le jaune, le vert, le bleu, le gris, et le gris mêlé de blanc; la substance de l'iris est veloutée et disposée par filets et par flocons; les filets sont dirigés vers le milieu de la prunelle comme des rayons qui tendent à un centre; les flocons remplissent les intervalles qui sont entre les filets; et quelquefois les uns et les autres sont disposés d'une manière si régulière, que le hasard a fait trouver, dans les yeux de quelques personnes, des figures qui semblaient avoir été copiées sur des modèles connus. Ces filets et ces flocons tiennent les uns aux autres par des ramifications très-fines et très-déliées.

Les couleurs les plus ordinaires dans les yeux sont l'orangé et le bleu, et le plus souvent ces couleurs se trouvent dans le même œil. Buffon pense que les plus beaux yeux sont ceux qui paraissent noirs ou bleus. La vivacité et le feu, qui font le principal caractère des yeux, éclatent plus dans les couleurs foncées que dans les demi-teintes de couleur : les yeux noirs ont donc plus de force d'expression et plus de vivacité ; mais il y a plus de douceur et peut-être plus de finesse dans les yeux bleus. On voit dans les premiers un feu qui brille uniformément, parce que le fond qui nous paraît de couleur uniforme, renvoie partout les mêmes reflets ; mais on distingue des modifications dans la lumière qui anime les yeux bleus, parce qu'il y a plusieurs teintes de couleurs qui produisent des reflets différents.

Il y a des yeux qui se font remarquer sans avoir pour ainsi dire de couleurs; ils paraissent être composés différemment des autres : l'iris n'a que des nuances de bleu ou de gris si faibles, qu'elles sont presque blanches dans quelques endroits; les nuances d'orangé qui s'y rencontrent sont si légères, qu'on les distingue à peine du gris et du blanc, malgré le contraste de ces couleurs, etc.

Pour notre part, nous sommes convaincu que la beauté des yeux ne consiste pas précisément dans leur couleur, ni même dans leur harmonie avec le reste du visage ; mais dans leur *expression*.

Il y a aussi des yeux dont la couleur de l'iris tire sur le vert ; cette couleur est plus rare que le bleu, le gris, le jaune et le jaune-brun ; il se trouve enfin des personnes dont les deux yeux ne sont pas de la même couleur. Cette variété qui se trouve dans la couleur des yeux est particulière à l'espèce humaine, à celle du cheval. Nous l'avons parfois remarqué aussi dans les yeux de certains chats. Dans la plupart des autres espèces d'animaux, la couleur des yeux de *tous* les individus est la même : les yeux des bœufs sont bruns ; ceux des moutons sont couleur d'eau ; ceux des chèvres sont gris, etc. Aristote, qui fait cette remarque, prétend que dans les hommes les yeux gris sont les meilleurs : que les bleus sont les plus faibles ; que ceux qui sont avancés hors de l'orbite ne voient pas d'aussi loin que ceux qui y sont enfoncés ; que les yeux bruns ne voient pas si bien que les autres dans l'obscurité.

Quoique l'œil paraisse se mouvoir comme s'il était tiré de différents côtés, il n'a cependant qu'un mouvement de rotation autour de son centre, par lequel la prunelle parait s'approcher ou s'éloigner des angles de l'œil, et s'élever ou s'abaisser. Les deux yeux sont plus près l'un de l'autre dans l'homme que dans tous les autres animaux ; cet intervalle est même si considérable dans la plupart des espèces d'animaux, qu'il n'est pas possible qu'ils voient le même objet des deux yeux à la fois, à moins que cet objet ne soit à une grande distance.

Remarquons enfin avec Buffon qu'après les yeux, les parties du visage qui contribuent le plus à marquer la physionomie sont les sourcils ; comme ils sont d'une nature différente des autres parties, ils sont plus apparents par ce contraste et frappent plus qu'un autre trait; les sourcils sont une ombre dans le tableau, qui en relève les couleurs et les formes. Les cils des paupières font aussi leur effet : lorsqu'ils sont longs et garnis, les yeux en paraissent plus beaux et le regard plus doux. Il n'y a que l'homme et le singe qui aient des cils aux deux paupières, les autres animaux n'en ont point à la paupière inférieure; et dans l'homme même il y en a beaucoup moins à la paupière inférieure qu'à la supérieure. Les sourcils n'ont que deux mouvements qui dépendent des muscles du front, l'un par lequel on les élève, et l'autre par lequel on les fronce et on les abaisse en les approchant l'un de l'autre. Les paupières servent à garantir les yeux et à empêcher la cornée de se dessécher : la paupière supérieure se relève et s'abaisse, l'inférieure n'a que peu de mouvements ; et quoique le mouvement des paupières dépende de la volonté, cependant l'on n'est pas maître de les tenir élevées lorsque le sommeil presse, ou lorsque les yeux sont fatigués.

Quel admirable mécanisme pour la protection des yeux, et quelle prévoyance on admire dans cette bonne mère, la Nature, lors même qu'on s'arrête à l'observation extérieure! Mais ce n'est pas seulement la grandeur ou la forme de l'ouverture des paupières, ce n'est pas seulement la nuance des yeux qui constitue leur beauté. Nous l'avons dit plus haut, le plus éminent caractère des yeux est celui de l'*expression*. Car le regard parle véritablement, s'échauffe, s'enflamme ou s'alanguit, brille ou se dérobe sous un voile humide, s'élève vers l'inspiration ou scrute la profondeur, selon le sentiment dont l'âme est dominée. Aussi, c'est là surtout la beauté de nos yeux. Formes, nuances et couleurs disparaissent devant la lumière de l'âme. J'ai connu des yeux qui, au repos, n'étaient remarqués de personne, et qui, animés par l'éloquence intérieure devant laquelle tout s'éclipse, prêtaient à la voix de l'orateur un secours inattendu, et remuaient les consciences, ou transportaient l'auditoire dans la sphère que la parole livrée à elle seule n'avait pu atteindre.

Je ne reviendrai pas sur cet aspect extérieur du regard humain, et je vais de suite pénétrer dans le sanctuaire, au sein duquel se forment les perceptions dont ce livre doit décrire les caractères merveilleux. L'objet de ces causeries n'est pas la beauté de l'homme, ni la valeur de ses sens, mais bien plutôt les illusions dont le plus sagace de ces sens peut être dupe. Mais avant d'entrer dans toute description, il est bien juste que j'aie admiré la façade du temple. Et d'ailleurs, puisque nous sommes ici pour causer des merveilles, comment ne pas nous laisser surprendre par cette première merveille : le regard de l'âme par les deux fenêtres de sa maison temporelle? J'oubliais de dire en effet, que c'est presque l'âme qui se met à la fenêtre, car le nerf optique, par lequel nous voyons, n'est qu'un épanouissement du cerveau, de ce centre nerveux, où résident et fonctionnent nos pensées dans le mystère d'une création insondée.

II

STRUCTURE DE L'ŒIL

De tous les sens, disait un religieux admirateur de la nature [1], la vue est celui qui fournit à l'âme les perceptions les plus promptes et les plus étendues. Il est la source des plus riches trésors de l'imagination; et c'est à lui principalement que nous devons les idées du beau, de l'ordre, et de l'unité du tout, dans la variété même des objets qui le composent.

Infortunés, qu'un sort rigoureux a frustrés, dès la naissance, de l'usage de la vue! Hélas, le plus beau jour ne diffère point pour vous de la nuit la plus sombre! Jamais la lumière ne porte la joie dans vos cœurs. Vous ne la voyez point se jouer dans le brillant émail d'un parterre, dans

[1] Louis Cousin-Despréaux.

le plumage varié d'un oiseau, dans le majestueux arc-en-ciel. Vous ne contemplez point, du haut des montagnes, les coteaux couronnés de pampres ; les champs couverts de moissons dorées ; les prairies ornées de riante verdure, arrosées de rivières qui fuient en serpentant ; ni les habitations des hommes dispersées çà et là dans ce grand tableau. Vous ne promenez point vos regards sur l'immense Océan, et ces légions innombrables de l'armée des cieux sont pour vous comme si elles n'existaient pas. L'épaisse obscurité qui vous environne ne vous permet pas de jouir de la contemplation de l'homme, ni de considérer en lui ce que la nature a de plus grand, ou ce que vous avez de plus cher. Mais quels dédommagements vous sont réservés pour l'avenir !

Ainsi un légitime sentiment de pitié doit descendre de notre cœur sur le triste sort des aveugles-nés. L'œil surpasse infiniment tous les ouvrages de l'industrie des hommes : sa structure est la chose la plus étonnante, dont l'entendement humain ait pu acquérir la connaissance.

Considérons-en d'abord les parties externes. De quels retranchements, de quelles défenses les yeux n'ont-ils pas été pourvus ! Ils sont placés dans la tête à une certaine profondeur, et environnés d'os très-solides, afin qu'ils ne puissent pas être facilement blessés. Les sourcils contribuent à leur sûreté et à leur conservation : les poils qui forment ce bel arc au-dessus des yeux, empêchent que la sueur du front ne s'y introduise. Les paupières sont toujours prêtes à les secourir ; et, comme elles se ferment aux approches du sommeil, elles empêchent l'action de la lumière de troubler notre repos. Les cils, en même temps qu'ils ajoutent à la beauté, nous garantissent du trop grand jour ; ils excluent la lumière superflue, et arrêtent jusqu'à la moindre poussière dont les yeux pourraient être offensés.

Mais la structure interne de cet organe est plus admirable encore.

Le globe de l'œil est presque sphérique, et de 25 millimètres de diamètre environ. Voici ce globe (fig. 1) avec tous les détails de sa structure. Les membranes qui l'enveloppent ont été ouvertes afin de pouvoir être mieux analysées.

Si nous commençons notre examen par la partie antérieure et extérieure, nous remarquons d'abord, immédiatement sous les cils, la membrane *c*, parfaitement transparente, et qu'on appelle pour cela la *cornée transparente*. Elle est le prolongement de l'enveloppe extérieure de l'œil, dure et opaque, nommée sclérotique, et marquée S sur la figure. La cornée est assez dure de sa nature pour présenter une puissante résistance aux injures venant de l'extérieur.

Immédiatement sous la cornée, et en contact avec elle, est l'*humeur aqueuse*, fluide clair, qui occupe seulement une petite partie du devant de l'œil.

Vient ensuite l'*iris*, disque circulaire percé d'une ouverture à son centre, et coloré de diverses nuances, suivant les personnes.

L'ouverture que l'on voit au centre est la *pupille* ou *prunelle* : la pupille n'est donc pas un objet, comme on est tenté de le croire, mais, au contraire, une ouverture ; et cette ouverture est plus ou moins grande, selon la quantité de lumière qui frappe l'œil, car l'iris jouit de la propriété curieuse de se contracter ou de s'étendre selon l'exacte quantité de lumière, afin que l'œil n'en reçoive jamais trop ou trop peu. C'est par cette ouverture variable de l'iris que les rayons lumineux pénètrent dans la chambre obscure située derrière.

Une lentille biconvexe, *o*, est suspendue là pour recevoir ces rayons : c'est le *cristallin*.

Toute la partie postérieure, depuis cette lentille jusqu'au fond de l'œil, est remplie d'une masse gélatineuse, diaphane, qui ressemble au blanc transparent d'un œuf cru, et qu'on nomme l'*humeur vitrée*.

Enfin, au fond de cette humeur et vis-à-vis la pupille, il y a la membrane la plus délicate et la plus importante de toutes, celle qui sert d'écran pour recevoir l'image, et qui communiquant avec le cerveau lui donne la perception : c'est la *rétine*, laquelle est un épanouissement du nerf optique N qui vient du cerveau. On voit donc que sans métaphore, comme je le disais à la fin du chapitre précédent, c'est bien le cerveau lui-même qui vient se mettre à la fenêtre.

Le prolongement de la rétine tapisse toute la partie postérieure et interne de l'œil. Puis l'œil

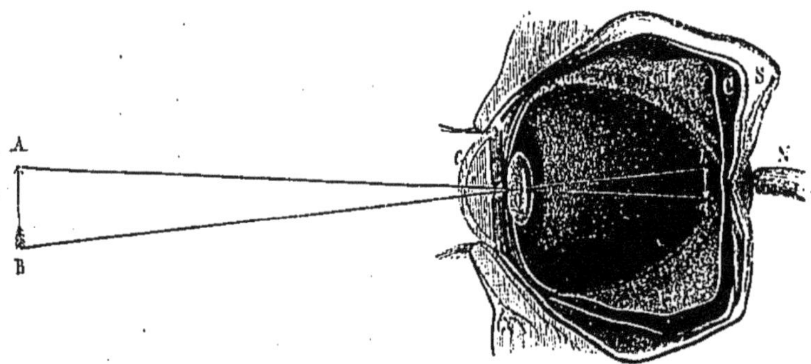

Fig. 1. — Coupe anatomique de l'œil.

est enveloppé d'une seconde membrane, C, nommée *choroïde*, imprégnée d'une substance noire, destinée à absorber tous les rayons qui ne doivent pas concourir à la vision. Vient enfin la *sclérotique*, qui se réunit à la cornée transparente, par laquelle nous avons commencé cette description.

Le cristallin, lentille par laquelle passent tous les rayons lumineux pour aboutir à la rétine, peut avec une facilité merveilleuse modifier à chaque instant sa courbure, de façon à s'adapter sans cesse à la distance et à porter constamment une image nette à la rétine. Mais comment peut-on concevoir que ce cristal organique s'enfle et se désenfle ainsi à volonté? Sans concevoir cette possibilité, il faut s'imaginer une structure plus étonnante que cet acte lui-même. Il faut savoir que ce globule lenticulaire n'est pas un solide d'une seule pièce, mais plutôt un assemblage de fines lamelles transparentes juxtaposées, lamelles si minces qu'il en faut superposer un millier pour arriver à l'épaisseur de l'ongle, et qu'en réalité le cristallin en renferme quelque chose comme cinq millions. Maintenant, ces lames sont ellesmêmes composées de petits fragments soudés les uns à côté des autres, et c'est le jeu de ces fragments qui constitue l'excessive mobilité interne de cette lentille diaphane. Ce sont là de ces créations merveilleuses qui passent inaperçues, et dont l'œuvre de la nature est remplie!

Par cette structure ingénieuse et inimitable de l'œil, les objets extérieurs passent du domaine des corps dans celui de la pensée; ils sont accessibles à notre esprit et se laissent toucher comme si nulle distance ne les séparait de lui. Ce mécanisme se plie à toutes les conditions. De lui-même, et à notre insu, il s'adapte aux variations de la lumière comme à celles de la distance; et ce que nul instrument, construit par la main des hommes, ne peut faire, il sait distinguer aux plus grandes distances connues la nature visible du soleil ou des étoiles, aussi bien que les petits caractères d'impression qui forment cette page. Comme l'écrivait Brewster, cet organe étonnant peut être considéré comme la sentinelle qui garde le passage entre les mondes de la matière et ceux de l'esprit, et par laquelle s'échangent toutes leurs communications. Le nerf optique est le sens par lequel l'esprit perçoit ce que la main de la nature écrit sur la rétine, et par lequel elle transmet à cette tablette matérielle ses décisions et ses créations.

La marche des rayons lumineux et la formation des images sur la rétine sont indiquées sur la figure précédente. Au premier coup d'œil, on remarque que l'image des objets est renversée. Nous ne voyons donc pas les objets tels qu'ils sont, mais en sens contraire. Ce que nous voyons en haut, en réalité, est en bas, et réciproquement. Ce n'est pas à la lentille du cristallin qu'il faut attribuer ce renversement, car cette lentille n'existerait pas, qu'il n'en subsisterait pas moins; c'est simplement à l'exiguïté de la pupille. On peut en faire l'observation aussi souvent qu'on le veut. Il suffit pour cela de percer deux petites ouvertures dans un volet ou dans une porte exposés à un paysage éclairé par le soleil. Ce paysage se dessinera en petit, et renversé, dans l'appartement fermé. Je me souviens qu'étant encore enfant, (j'achevais mon troisième lustre), et habitant une maison du boulevard des Italiens, à Paris,

Fig. 2. — Image renversée dans la chambre noire.

j'avais déjà remarqué que le pavillon de lord Seymour et celui de Tortoni, situés en face de cette maison, se dessinaient au fond du vestibule, quand une certaine porte était fermée. Les magasins, les boutiques, les passants, tout cela, traversant le trou de la serrure, venait se peindre avec les plus brillantes couleurs; et je pensais alors que si la photographie n'était pas inventée j'aurais cherché les moyens de fixer ces images. Mais, hélas! mon observation, quelque juvénile qu'elle fût, venait encore trop tard.

Nous voyons le monde renversé. Fort bien. Mais

comment se fait-il que nous ne nous en apercevions pas, et que nous croyions voir toute chose dans sa position naturelle? Les physiologistes et les physiciens ont été fort divisés là-dessus. Les uns, et Buffon est de ce nombre, ont admis que c'est par l'habitude et par une véritable éducation de l'œil que nous avons redressé les objets dans notre esprit. Les autres, et d'Alembert est de cette opinion, pensent que nous rapportons le lieu réel des objets dans la *direction* des rayons qu'ils émettent, et que ces rayons se croisant dans la lentille cristalline, l'œil voit les points A et B (fig. 1), comme s'ils ne se croisaient pas. D'autres ont émis l'idée qu'ils se croisaient deux fois, et ainsi se redressaient. D'autres, enfin, parmi lesquels je citerai le physiologiste Muller, soutiennent que *comme nous voyons tout renversé, et non un objet* particulier, nous manquons de termes de comparaison. Pour ma part je serais porté à croire que l'impression, une fois produite, la rétine transmet au cerveau la notion de la *direction* des rayons lumineux qui viennent frapper chacun des points de l'épanouissement du nerf optique. Les objets sont vus droits parce que nous voyons chacun de leurs points suivant la projection des rayons lumineux qui impressionnent la rétine.

Il est incontestable que les *images* sont renversées au fond de l'œil. On peut s'en assurer en prenant un œil de bœuf auquel on a enlevé une partie de la sclérotique pour le rendre plus transparent, et en regardant au travers la flamme d'une lampe ou d'une bougie, on voit cette flamme renversée.

Souvent, quand je parlais de cet effet, on me répondait que si nous voyons les objets renversés, les antipodes doivent les voir dans leur position réelle. Je faisais observer, à ce propos, que les antipodes sont comparativement dans la même condition que nous; qu'ils appellent bas ce qui est à leurs pieds et haut ce qui est à leur tête; que, par conséquent, ce qui est en bas pour leur rétine est en haut en réalité, et réciproquement; mais qu'au fond de cette question, en valeur absolue, il n'y a ni haut ni bas dans l'univers, comme on l'a expliqué dans le volume de cette collection, qui porte pour titre : *les Merveilles célestes*.

Mais il n'en est pas moins vrai que nous voyons l'univers renversé. Et voici, dès les premières pages de ce livre, le chapitre des illusions qui commence !

La distance normale de la vue distincte est en moyenne de 30 centimètres pour les petits objets, comme pour le texte d'un livre. Mais il n'y a peut-être pas sur la terre deux yeux identiques (même chez le même individu, car il est également rare que nos deux yeux soient rigoureusement de même valeur). Il est des personnes qui doivent approcher le livre à 20, 15, 10, 5 centimètres, et moins encore, pour distinguer les caractères. On donne le nom de *myopie* à cette conformation particulière de l'œil, qui résulte d'une trop grande convexité de la cornée, et du cristallin, et que l'on corrige par des lunettes de verres concaves (V. le chap. des *lentilles*) ; d'autres personnes doivent à l'opposé éloigner le livre à 40, 50, 60 centimètres devant elles et même plus loin encore. Cette conformation a reçu le nom de *presbytisme*, et sa cause est l'aplatissement du cristallin ; on la corrige donc, par contre, par l'usage des lunettes à verres convexes. La myopie (d'un mot grec qui signifie : cligner de l'œil), se rencontre plutôt chez les jeunes gens. A mesure qu'on avance en âge, la convexité de l'œil décroît, et le presbytisme a le mot grec « vieillard » pour étymologie. Ainsi l'on peut dire que la vue des myopes s'améliore en général à l'âge où les autres vues s'affaiblissent.

III

LES ERREURS DE L'ŒIL

C'est donc par notre propre organisation que nous commencerons l'exposé des illusions de l'optique. Car notre œil lui-même, le plus remarquable et le plus important de nos sens, que nous jugeons si sûr et si impeccable, celui-là même nous trompe constamment. Il y avait dans l'antiquité une école de sceptiques, qui doutaient absolument de tout, depuis le théoricien Pyrrhon jusqu'à celui qui, recevant un soufflet en plein visage, doutait encore de la force des muscles. Si je voulais m'inspirer de cet esprit, j'aurais beau jeu, dans la science optique, pour établir le Doute en souverain dans nos raisonnements. Mais je préfère dire de suite que, si nos sens sont sujets à l'erreur, il y a en nous un être supérieur à eux et plus puissant : il y a la raison. La raison redresse les erreurs et établit nos jugements sur des bases plus solides. Et c'est ce qui se montrera en différents points de ce livre. Si nous sommes éblouis de temps en temps par des illusions, de temps en temps aussi, nous reconnaîtrons notre éblouissement, et quels que soient l'intérêt ou la beauté de ces illusions, nous saurons qu'elles ne sont pas des réalités. Dans ce chapitre je vais simplement parler des erreurs personnelles de notre œil, de celles que nous ignorons même, tant notre jugement les a complétement effacées. Et ici j'emprunterai pour la seconde et pour la dernière fois la parole à Buffon.

Nous savons tous que le premier acte des yeux des enfants, au bout de six ou sept semaines, est de se tourner vers les objets brillants, vers la lumière. Instinctivement, sans rien distinguer, c'est là qu'ils regardent. La nature entière, en effet, a la lumière pour fin suprême; tous les êtres y tendent, depuis les plantes des cavernes sombres jusqu'à l'enfant au berceau : enseignement profond qui doit nous inviter, nous aussi âmes pensantes, à élever nos aspirations vers la lumière, vers la Vérité. — Mais ne philosophons pas ici, et tenons-nous-en à l'observation qui nous concerne.

A partir du jour où les enfants commencent à distinguer les objets, deux causes d'erreur dominent leur vue. Avant que de s'être assurés par le toucher de la position de ces objets et de celle de leur propre corps, ils voient en bas tout ce qui est en haut, et en haut tout ce qui est en bas ; ils prennent donc par les yeux une fausse idée de la position des objets ; un second défaut, et qui doit induire les enfants dans une espèce d'erreur ou de faux jugement, c'est qu'ils voient d'abord tous les objets doubles, parce que dans chaque œil il se forme une image du même objet ; ce ne peut encore être que par l'expérience du toucher qu'ils acquièrent la connaissance nécessaire pour rectifier cette erreur, et qu'ils apprennent en effet à juger simples les objets qui leur paraissent doubles. Cette erreur de la vue, aussi bien que la première, est dans la suite si bien rectifiée par la vérité du toucher, que, quoique nous voyons en effet tous les objets doubles et renversés, nous nous imaginons cependant les voir réellement simples et droits ; ce qui n'est qu'un jugement de notre âme occasionné par le toucher, est une appréhension réelle produite par le sens de la vue. Si nous étions privés du toucher, les yeux nous tromperaient donc, non-seulement sur la position, mais aussi sur le nombre des objets.

Il est aussi fort aisé de se convaincre que nous voyons réellement tous les objets doubles, quoique nous les jugions simples ; il ne faut pour cela que regarder le même objet, d'abord avec l'œil droit ; on le verra correspondre à quelque point d'une muraille ou d'un plan que nous supposerons au delà de l'objet ; ensuite, en le regardant avec l'œil gauche, on verra qu'il correspond à un autre point de la muraille ; et enfin, en le regardant des deux yeux, on le verra dans le milieu entre les deux points auxquels il correspondait auparavant. Essayez vous-même cette expérience facile, et vous serez immédiatement convaincu du fait. Ainsi il se forme une image dans chacun de nos yeux : nous voyons l'objet double, c'est-à-dire nous voyons une image de cet objet à droite et une image à gauche ; et nous le jugeons simple et dans le milieu, parce que nous avons rectifié par l'expérience cette erreur de la vue. De même si l'on regarde des deux yeux deux objets qui seront à peu près dans la même direction par rapport à nous, en fixant ses yeux sur le premier, qui est le plus voisin, on le verra simple, mais en même temps on verra double celui est le plus éloigné ; et au contraire, si l'on fixe ses yeux sur celui qui est le plus éloigné, on le verra simple, mais en même temps on verra double celui qui est le plus rapproché. Ceci prouve évidemment que nous voyons en effet tout les objets doubles, quoique nous les jugions simples, et que nous les voyons où ils ne sont pas réellement, quoique nous les jugions où ils sont en effet. Si le sens du toucher ne rectifiait pas le sens de la vue dans toutes les occasions, nous nous tromperions donc sur la position des objets, sur leur nombre, et encore sur leur lieu ; nous les jugerions renversés, nous les jugerions doubles, et nous les jugerions à droite et à gauche du lieu qu'ils occupent réellement ; et si, au lieu de deux yeux, nous en avions cent, nous jugerions toujours les objets simples, quoique nous les vissions multipliés cent fois.

Il se forme donc dans chaque œil une image de l'objet ; et lorsque ces deux images tombent sur les parties de la rétine qui sont correspondantes, c'est-à-dire qui sont toujours affectées en même temps, les objets nous paraissent simples, parce que nous avons pris l'habitude de les juger tels : mais si les images des objets tombent sur des parties de la rétine qui ne sont pas ordinairement affectées ensemble et en même temps, alors les objets nous paraissent troubles, parce que nous n'avons pas pris l'habitude de rectifier cette sensation qui n'est pas ordinaire.

S'il est déjà merveilleux que voyant tous les objets doubles, nous ayons la faculté de rapporter nos sensations à une impression unique, que dirons-nous de la vue chez les insectes, chez lesquels les yeux se comptent par milliers, dont chacun est comme une loupe appropriée à l'observation des petits objets avec lesquels ces êtres médiocres sont en relation, et dont le nombre considérable n'empêche pas que leur instinct ne reçoive évidemment qu'une impression simple des objets observés? En même temps qu'elle a multiplié nos rétines pour mieux reconnaître le relief des objets, la nature a donc donné à tous les êtres la faculté d'obvier à ces erreurs.

Il serait curieux de pouvoir apprécier ces erreurs, non sur un enfant qui ne peut transmettre ses sensations, mais sur un aveugle-né qui recouvrerait la vue et pourrait noter successivement les sensations fournies par son nouveau sens. Or, c'est ce que je vais faire pour terminer ce chapitre, en « prenant la nature sur le fait, » comme disait Fontenelle.

Cheselden, fameux chirurgien anglais du siècle dernier, ayant fait l'opération de la cataracte à un jeune homme de treize ans, aveugle de naissance, et ayant réussi à lui donner le sens de la vue, observa la manière dont ce jeune homme commençait à voir, et publia les remarques suivantes[1].

Cet enfant, quoique aveugle, ne l'était pas absolument et entièrement. Comme la cécité provenait d'une cataracte, il était dans le cas de tous les aveugles de cette espèce, qui peuvent toujours distinguer le jour de la nuit; il distinguait même, à une forte lumière, le noir, le blanc et le

[1] *Philosophical Transactions*, N. 402.

rouge vif, qu'on appelle *écarlate;* mais il ne voyait ni n'entrevoyait en aucune façon la forme des choses. On ne lui fit l'opération d'abord que sur l'un des yeux. Lorsqu'il vit pour la première fois, il était si éloigné de pouvoir juger en aucune façon des distances, qu'il croyait que tous les objets indifféremment touchaient ses yeux (ce fut l'expression dont il se servait), comme les choses qu'il palpait touchaient sa peau. Les objets qui lui étaient le plus agréables étaient ceux dont la forme était unie et la figure régulière, quoiqu'il ne pût encore former aucun jugement sur leur forme, ni dire pourquoi ils lui paraissaient plus agréables que les autres; il n'avait eu, pendant le temps de son aveuglement, que des idées si faibles des couleurs qu'il pouvait alors distinguer à une forte lumière, qu'ils n'avaient pas laissé des traces suffisantes pour qu'il pût les reconnaître lorsqu'il les vit en effet; il disait que ces couleurs qu'il voyait n'étaient pas les mêmes que celles qu'il avait vues autrefois; il ne connaissait la forme d'aucun objet, et il ne distinguait aucune chose d'une autre, quelque différentes qu'elles pussent être de figure ou de grandeur. Lorsqu'on lui montrait les choses qu'il connaissait auparavant par le toucher, il les regardait avec attention, et les observait avec soin pour les reconnaître une autre fois; mais, comme il avait trop d'objets à retenir à la fois, il en oubliait la plus grande partie; et dans le commencement qu'il apprenait (comme il le disait) à voir et à connaître les objets, il oubliait mille choses pour une qu'il retenait. Il était fort surpris que les choses qu'il avait le mieux aimées n'étaient pas celles qui étaient le plus agréables à ses yeux, et il s'attendait à trouver les plus belles les personnes qu'il aimait le mieux. Il se passa plus de deux mois avant qu'il pût reconnaître que les tableaux représentaient des corps solides; jusque alors il ne les avait considérés que comme des plans différemment colorés et des surfaces diversifiées par la variété des couleurs; mais, lorsqu'il commença à reconnaître que ces tableaux représentaient des corps solides, il s'attendait à trouver, en effet, des corps solides en touchant la toile du tableau, et il fut extrêmement étonné lorsqu'en touchant les parties qui, par la lumière et les ombres, lui paraissaient rondes et inégales, il les trouva plates et unies comme le reste, il demandait quel était donc le sens qui le trompait, si c'était la vue ou si c'était le toucher. On lui montra alors un petit portrait de son père, qui était dans la boîte de la montre de sa mère; il dit qu'il connaissait bien que c'était la ressemblance de son père, mais il demandait avec un grand étonnement comment il était possible qu'un visage aussi large pût tenir dans un si petit lieu, que cela lui paraissait aussi impossible que de faire tenir un boisseau dans une pinte. Dans les commencements, il ne pouvait supporter qu'une très-petite lumière, et il voyait tous les objets extrêmement gros; mais, à mesure qu'il voyait des choses plus grosses en effet, il jugeait les premières plus petites. Il croyait qu'il n'y avait rien au delà des limites de ce qu'il voyait : il savait bien que la chambre dans laquelle il était ne faisait qu'une partie de la maison: cependant il ne pouvait concevoir comment la maison pouvait paraître plus grande que sa chambre. Avant qu'on lui eût fait l'opération, il n'espérait pas un grand plaisir du nouveau sens qu'on lui promettait, et il n'était touché que de l'avantage qu'il aurait de pouvoir apprendre à lire et à écrire. Il disait, par exemple, qu'il ne pouvait avoir plus de plaisir à se promener dans le jardin lorsqu'il aurait ce sens, qu'il en avait, parce qu'il s'y promenait librement et aisément, et qu'il en connaissait tous les différents endroits : il avait même très-bien remarqué que son état de cécité lui avait donné un avantage sur les autres hommes, avantage qu'il conserva longtemps après avoir obtenu le sens de la vue, qui était d'aller la nuit plus aisément et plus sûrement que ceux qui voient. Mais lorsqu'il eut commencé à se servir de ce nouveau sens, il était transporté de joie : il disait que chaque nouvel objet était un délice nouveau, et que son plaisir était si grand qu'il ne pouvait l'exprimer. Un an après, on le mena à Epsom, où la vue est très-belle et très-étendue; il parut enchanté de ce spectacle, et il appelait ce paysage une nouvelle façon de voir. On lui fit la même opération sur l'autre œil, plus d'un an après la première, et elle réussit également; il vit d'abord de ce second œil les objets beaucoup plus grands qu'il ne les voyait de l'autre, mais cependant pas aussi grands qu'il les avait vus du premier œil; et, lorsqu'il regardait le même objet des deux yeux à la fois, il disait que cet objet lui paraissait une fois plus grand qu'avec son premier œil tout seul; mais il ne le voyait pas double, ou du moins on ne put pas s'assurer qu'il eût vu d'abord les objets doubles lorsqu'on lui eut procuré l'usage de son second œil.

Telles sont les principales impressions d'un aveugle auquel le monde de la lumière venait d'être ouvert. Elles peuvent servir à nous faire mieux apprécier le bonheur de voir.

IV

LES ILLUSIONS DE LA VUE

Ainsi nous venons d'observer que par le seul secours de nos yeux, nous ne saurions juger ni la simplicité, ni la distance, ni la position relative des objets. Il y a d'autres illusions curieuses qui sont ou générales, ou particulières à certaines personnes, et dont la connaissance nous intéressera autant qu'elle nous servira comme prélude aux illusions artificielles.

Voici par exemple un fait peu connu, que tout le monde éprouve cependant, et peut expérimenter sur lui-même. Il y a dans nos yeux un endroit qui ne voit pas, et pour les objets situés dans cette direction, nous sommes complétement aveugles. Pour s'en convaincre, il vous suffira de faire le petit essai que voici :

Sur une feuille de papier blanc, placez deux

pains à cacheter ou deux taches d'encre, à 4 centimètres environ l'un de l'autre. Prenez cette feuille dans votre main, parallèlement à la ligne des yeux, fermez l'œil gauche, et fixez de l'œil *droit* le centre du pain à cacheter ou de la tache de *gauche*. Approchez maintenant graduellement cette feuille de votre œil, jusqu'à la distance de 7 ou 8 centimètres : vous trouverez une position où tout en maintenant l'œil fixé sur le pain à cacheter, l'autre pain *disparaît* quoique néanmoins il soit évidemment dans le champ visuel.

Ce point est à 15 degrés à la droite de l'objet fixé.

Quand vous arrivez à la position où ce phénomène se produit, où la tache disparaît pour laisser la feuille entièrement blanche, si vous avancez ou reculez la feuille de papier, la tache devenue invisible reparaît, et il en est de même si vous cessez de fixer la tache de gauche et que vous promeniez votre œil alentour.

Les distances que je viens de donner sont celles auxquelles le phénomène se produit pour moi. Elles varient sensiblement selon les vues, et l'on peut reconnaître par cette méthode les vues longues et les vues basses, de même que la position du nerf optique, car lorsqu'on examine la rétine pour découvrir en quelle partie réside cette insensibilité pour la lumière, on trouve que l'image invisible tombe précisément sur la base du nerf optique, à l'endroit où ce nerf arrive dans l'œil et s'y étend pour former la rétine (fig. 1); j'ai fait cette expérience sur plusieurs individus.

Ainsi (et ce n'est pas la moindre curiosité), le nerf même qui nous fait voir ne voit pas lui-même! La Nature semble quelquefois se moquer de nous; elle nous échappe lorsque nous croyons la saisir, et souvent je l'ai comparée à un bon vieux père, excellent au fond et d'une amabilité ineffable, mais qui, parfois sourit doucement lorsque ses petits-enfants s'imaginent être aussi savants que lui.

Si nous n'apprécions pas habituellement la réalité constante du phénomène dont je viens de parler, c'est parce que, quand les deux yeux sont ouverts, l'objet dont l'image tombe sur l'endroit insensible d'un œil est vu par l'autre, et que d'un autre côté les impressions lumineuses des parties qui l'entourent, se répandant sur ce point invisible, comme une pluie tombant sur une feuille de papier buvard, empiéterait le point protégé par un pain à cacheter. Ainsi, en regardant un paysage de l'œil droit, il y a une circonscription à 15 degrés à droite que nous ne voyons pas; en le regardant de l'œil gauche, il y a de même un parage à 15 degrés à gauche que nous ne distinguons pas (car ce phénomène se produit inversement dans les deux yeux) ; et si nous ne nous apercevons pas de cette absence, c'est parce que nous regardons avec les deux yeux, et que nous fixons les détails eux-mêmes lorsque nous voulons les analyser.

On peut joindre à ce fait, indiqué par le physicien Mariotte, celui de l'attention *nécessitée* par le regard. On ne voit que ce que l'on veut voir, au physique comme au moral. Si l'attention est fixée sur une seule particularité d'un paysage, on la voit seule, et le reste est invisible. Si elle est fixée sur un sujet de contemplation intérieure, on ne voit plus rien, tout en gardant ses yeux grands ouverts. Voici par exemple un chasseur précédé par Diane et César. S'il suit attentivement les mouvements de Diane, ce premier chien de chasse sera le seul objet vivant ou inanimé qui se grave sur sa rétine ; César aura beau courir, sauter et faire merveille, il est perdu dans une clarté diffuse, dans celle de la bruyère ou du tiré. Si maintenant notre chasseur, un instant distrait, songe à son excursion de la veille, à la colline descendue au galop, ou à la source silencieuse où le cerf s'est fait prendre, il ne verra plus ni chien ni paysage, et son œil paraît frappé de cécité. Tout en regardant devant soi, on peut parfaitement ne rien voir.

Les phénomènes des « spectres oculaires » ou « couleurs accidentelles » éprouvés par tous, forment un chapitre curieux de l'histoire des illusions qui ont leur origine dans l'œil. On a souvent l'occasion de remarquer qu'après avoir été éclairé par une lumière ou une couleur éclatante, l'œil garde une impression opposée à la couleur primitive. Sir David Brewster est l'un des premiers qui aient décrit ces couleurs secondaires, et voici ses expériences.

Si l'on découpe une figure de papier rouge, et qu'après l'avoir placée sur une feuille de papier blanc, on la regarde fixement pendant quelques secondes, en dirigeant son œil ou ses yeux sur un de ses points particulièrement, on remarquera que la couleur rouge devient moins brillante. Si l'on reporte alors sur le papier blanc l'œil qui était fixé sur la figure rouge, on voit une figure *verte* distincte, laquelle est le spectre de la *couleur accidentelle* de la figure rouge. Avec des figures de diverses couleurs, on observera des spectres différemment colorés, comme l'indique la table suivante :

COULEURS DES FIGURES PRIMITIVES	COULEURS DES SPECTRES.
Rouge.	Vert-bleuâtre.
Orange.	Bleu.
Jaune.	Indigo.
Vert.	Rouge-violâtre.
Bleu..	Orangé-rouge.
Indigo.	Orangé-jaunâtre.
Violet.	Jaune.
Blanc.	Noir.
Noir..	Blanc.

Les deux dernières figures, blanc et noir, s'expérimentent aisément avec un médaillon blanc que l'on place sur un fond noir, et avec une silhouette de papier noir, appliquée sur du papier blanc.

Ces spectres oculaires se manifestent souvent à nous, sans aucun effet de notre part et même à notreinsu. Dans les appartements peints de couleurs tranchées, lorsque le soleil brille, les parties qui ne sont pas éclairées directement ont presque toujours des couleurs opposées ou accidentelles. Si le soleil passe à travers la fente d'un rideau *rouge*, sa couleur paraîtra d'un *vert* changeant comme l'indique la table que nous venons de donner. Enfin de quelque manière que l'œil soit affecté par une couleur dominante, il en voit dans le même instant le spectre ou la couleur accidentelle, juste comme, lorsqu'une corde musicale est vibrante, l'oreille entend en même temps le son primitif et les sons harmoniques.

Si la lumière dominante est *blanche* et *très-forte*, les spectres qu'elle produira ne seront pas plus longtemps noirs, mais de couleurs variées successives. Quand on regarde le soleil, par exemple, soit près de l'horizon, soit réfléchi par une glace ou par l'eau, de manière à modérer son éclat, et qu'on y fixe l'œil attentivement pendant quelques secondes, on voit plusieurs heures encore après, que les yeux restent ouverts ou qu'ils soient fermés, des spectres du soleil variant de couleur. D'abord, avec l'œil ouvert, le spectre est *rouge-brun* avec une bordure *bleu-ciel*, et avec l'œil fermé, le spectre devient *vert* avec une bordure *rouge*. Le *rouge* est d'autant plus brillant, et le bleu plus vif, que l'impression est moins éloignée; mais lors même que ces couleurs deviennent plus pâles, elles se révivifient par une légère pression sur le globe de l'œil.

Quelques yeux sont plus susceptibles que d'autres de ces impressions de spectres, et Beyle cite un individu qui continua pendant plusieurs années à voir le spectre du soleil, quand il regardait des objets brillants. Ce fait parut si intéressant et si inexplicable à Locke, qu'il consulta sir Isaac Newton pour en savoir la cause, et apprit de celui-ci que lui-même, Newton, était resté plusieurs mois avec le spectre du soleil devant les yeux.

Sans affirmer que ces erreurs de la vue soient les causes de certains faits inexpliqués attribués au surnaturel, on peut croire qu'elles y jouèrent parfois un rôle non insignifiant. L'exemple suivant, cité par le même auteur, fera facilement saisir ce rapport : une figure habillée de *noir* et montée sur un cheval *blanc*, cheminait, exposée aux brillants rayons du soleil qui, à travers une petite échappée des nuages, déversait la lumière sur cette partie du paysage. La *noire* figure était projetée de nouveau sur un nuage blanc, et le cheval blanc brillait d'un éclat particulier, à raison de son contraste avec l'ombre du sol sur lequel on le voyait. Une personne intéressée à l'arrivée de cet étranger avait suivi pendant quelque temps ses mouvements avec anxiété, mais après sa disparition derrière un bois, elle fut surprise de voir le spectre du cavalier sous la forme d'un cavalier *blanc* monté sur un cheval *noir*, et ce spectre fut vu pendant quelque temps dans le ciel, ou sur quelque pli du terrain où l'œil se fixait. Une telle occurrence, accompagnée d'une série convenable de combinaisons d'événements, peut, même à présent, avoir fourni un chapitre à l'histoire du merveilleux.

A ces illusions générales nous pouvons ajouter certaines particularités dues sans aucun doute à une conformation anormale, ou à une maladie de l'œil chez les personnes qui en sont affectées. Tel est par exemple la vision double ou triple, dont le physiologiste Muller signale de remarquables effets.

Bien que l'image d'un objet extérieur vienne se peindre à la fois dans chacun de nos deux yeux, nous n'en voyons généralement qu'une seule à la fois, parce que nous avons acquis l'habitude de rapporter à un même objet les deux impressions faites sur les points correspondants de la *rétine*, partie de l'organe sur laquelle la sensation se traduit. Mais si, par une cause quelconque, les deux yeux ne sont pas accommodés ensemble pour la distance que l'on fixe, une double image apparaît. C'est ce que l'on remarque lorsque, regardant la lune avec un seul œil, on vient à ouvrir l'autre, que l'on avait d'abord tenu fermé.

Il faut, du reste, se garder de confondre la vue double par les deux yeux avec la vue double au multiple par un seul. Beaucoup de personnes voient plusieurs images de la lune même avec un seul œil. Ces images sont situées les unes sur les autres, et ne se couvrent qu'en partie ; chacune a ses bords particuliers. Chez la plupart des individus, ce phénomène n'a lieu que quand les regards se portent sur des objets extrêmement éloignés ; il y en a cependant chez lesquels des objets même rapprochés y donnent lieu. Prévost l'avait remarqué sur lui-même. Stephenson en a fait le sujet d'intéressantes observations. Cet écrivain est myope. Lorsqu'il regarde une tache claire sur un fond blanc, et qu'il s'éloigne peu à peu, non-seulement l'image du point clair devient confuse, mais encore elle se déploie, indépendamment de plusieurs images accessoires sans netteté, en deux images situées de côté, dont la distance augmente avec éloignement du corps ; à mesure que ces images s'écartent l'une de l'autre, elles deviennent confuses. De l'œil droit, l'image gauche est un peu plus élevée; de l'œil gauche, c'est la droite. En tournant la tête à droite l'image gauche s'abaisse, et la droite s'élève quand l'œil gauche regarde; l'inverse a lieu si l'œil droit agit. En tournant tout à fait la tête, les images tournent aussi autour d'un centre commun. Griffin rapporte également que, quand il a regardé pendant longtemps dans le télescope, l'œil qu'il tenait fermé voit ensuite triples les objets rapprochés de lui. Ces phénomènes se rattachent à la construction optique de l'œil; ils tiennent vraisemblablement aux divers champs de fibres dont se compose chaque couche de cristallin.

La *semi-vision* ou hémiopie est un phénomène beaucoup plus rare et plus difficile à expliquer que la vision double. Il consiste en ce que la personne chez laquelle il se manifeste n'aperçoit que la moitié à droite ou la moitié à gauche des objets; la séparation entre leurs parties visibles et invisibles étant verticale lorsque les deux yeux sont placés sur une même horizontale. Ainsi, en fixant un mot inscrit sur une muraille, *Newton*, par exemple, on n'en aperçoit que la moitié gauche *New*, ou la moitié droite *ton*, suivant le sens dans lequel a lieu l'hémiopie.

Le physicien Wollaston a éprouvé cette sensation singulière à deux reprises différentes. Une première fois, après un violent exercice de deux ou trois heures, il n'apercevait que la moitié droite des objets. Ce phénomène dura un quart d'heure environ ; il avait lieu pour un œil comme pour l'autre, ou pour les deux ensemble. Vingt ans plus tard le même accident se renouvela, mais en sens inverse ; cette fois, c'était la moitié droite des objets qui était visible. Il nous apprend que la première fois « il se trouva soudain qu'il ne pouvait voir que la moitié droite d'un homme qu'il rencontra. » Il est des cas où cet accident pourrait alarmer la personne qui l'éprouverait pour la première fois. A certaines distances de l'œil, par exemple, une personne sur deux disparaîtrait, et par un simple changement de position du spectateur ou de son partenaire, cette personne reparaîtrait après avoir disparu tandis que l'autre serait à son tour éclipsée. Il faut avouer qu'un pareil escamotage, uniquement dû à une insensibilité inconsciente de l'œil, est des plus curieux et qu'il serait difficile de ne pas l'attribuer tout d'abord à une cause surnaturelle.

Bartholin cite une femme hystérique qui voyait tous les corps de la nature raccourcis de moitié, et les apercevait ainsi de l'œil gauche seulement.

Un dernier fait non moins intéressant à ajouter aux précédents, c'est que la sensation lumineuse paraît pouvoir se produire sous l'influence de causes internes, même dans un organe paralysé ou atrophié. Müller rapporte qu'il s'est trouvé un cas où les tribunaux ont soumis à la médecine légale la question de décider si la phosphorescence qui naît dans nos yeux lorsque nous les frottons durement est une lumière réelle. Il s'agissait d'un homme qui, attaqué de nuit par deux voleurs, disait en avoir parfaitement reconnu un à l'aide de l'éclatante lumière produite par un coup de poing qui lui avait été asséné sur l'œil droit. En ce qui concerne les causes internes, un individu dont l'œil avait été vidé, et que M. de Humboldt galvanisait, n'en apercevait pas moins de ce côté des phénomènes de lumière. Lincke rapporte qu'un malade auquel il avait fallu extirper un œil, vit le lendemain toutes sortes de phénomènes lumineux qui le tourmentèrent au point de faire naître en lui l'idée qu'ils étaient réels. En fermant l'œil sain, il voyait flotter devant l'orbite vide des images diverses, des lumières, des cercles de feu, des personnages dansants; ce symptôme persista pendant quelques jours. Il est facile de reconnaître l'analogie de ces faits avec les sensations des amputés.

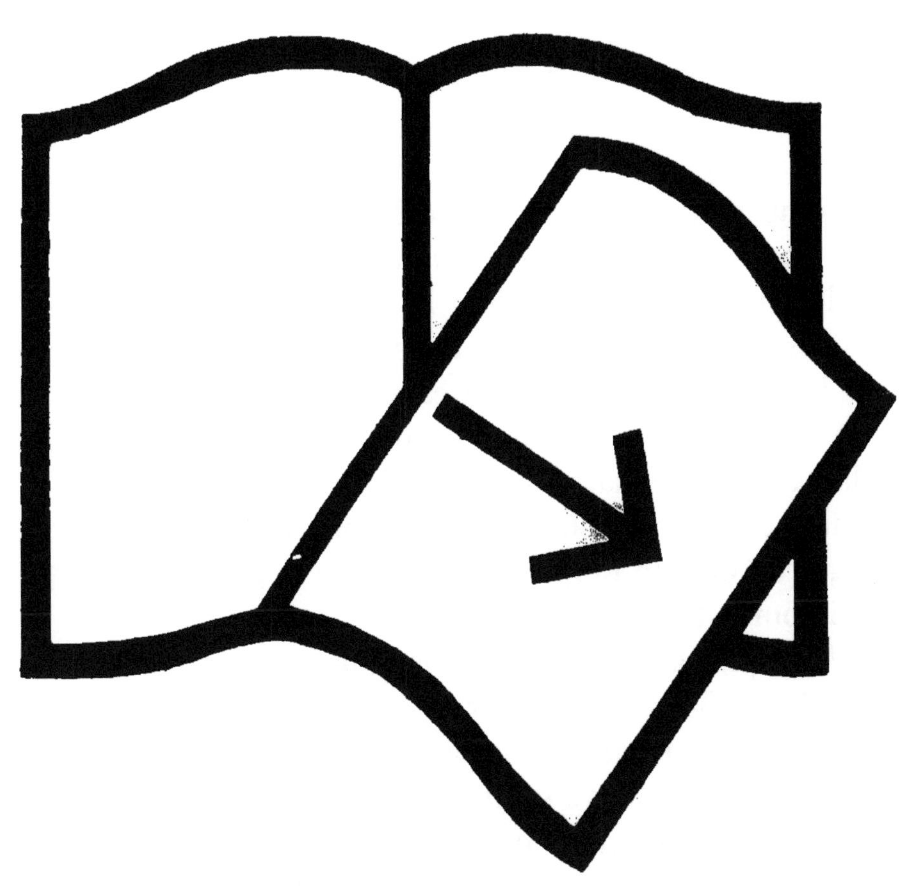

Documents manquants (pages, cahiers...)

NF Z 43-120-13

V

DE L'APPRÉCIATION DES COULEURS

Nous nous entendons généralement assez bien les uns les autres pour convenir de la notion de telle ou telle couleur. Tout le monde s'accorde, par exemple, à dire que l'air est bleu, que l'eau de la mer est verte, que la casaque de Garibaldi est rouge et que les Chinois ont le teint jaune. Mais si je prétendais que je vois l'air rouge, la mer jaune, la casaque bleue, et que pour moi les visages du Céleste Empire sont du vert le plus pur, qui pourrait me contredire?

Je ne plaisante pas; et sous mon paradoxe gît un problème. Qui est-ce qui prouve que ce que je vois jaune, un autre ne le voit pas vert? que ce que je vois rouge, un autre ne le voit pas bleu? Prétendra-t-on m'expliquer mon doute en m'objectant que, puisque j'appelle bleue la couleur du ciel,

Dans un chapitre sur ces affections de la vue, *le Magasin pittoresque* (1846), rapportant les expériences d'un physicien suisse, cite des exemples dignes d'être enregistrés.

Dans le spectre solaire, qui s'obtient en faisant passer un rayon solaire à travers un prisme de verre et se compose des couleurs suivantes : rouge, orangé, jaune, vert, bleu, indigo, violet, Dalton ne distinguait que trois couleurs, le jaune, le bleu et le violet. Les deux premières étaient bien distinctes pour lui ; les deux dernières lui apparaissaient seulement comme des nuances. Le rose, vu de jour, lui paraissait du bleu affaibli ; à la lumière artificielle, la même couleur prenait une teinte orangée. De jour, le cramoisi lui semblait du bleu sale, et la laine cramoisie du bleu foncé. Il appelait bleu sombre l'incarnat d'un teint fleuri. Le docteur Whewell, feu l'antagoniste de la Pluralité des Mondes, lui ayant demandé un jour de quelle couleur était sa robe de docteur, qui était écarlate, Dalton montra les arbres de la campagne et déclara ne trouver aucune différence entre la couleur de cette robe et celle de la verdure. Des fruits rouges lui paraissaient de la même couleur que l'arbre qui les portait ; il ne les distinguait qu'à leur forme, et il lui était impossible de trouver dans l'herbe un bâton de cire à cacheter rouge, parce que cette couleur et le vert de pré rouge se confondaient à ses yeux. Depuis Dalton, on a étudié environ cent cinquante exemples de cette imperfection, à laquelle le professeur Pierre Prévost, de Genève, a donné le nom de *daltonisme*.

Le daltonisme est plus fréquent qu'on ne pense. Les individus qui en sont affectés, n'ayant pas la conscience de leur état, embrassent souvent des professions où l'intégrité de la vue est tout à fait indispensable. Ainsi, celui que Wartmann a observé était relieur, et rectifiait ses jugements sur les couleurs par le tact. Un autre était tailleur à Plymouth ; il ne distinguait exactement que le blanc, le jaune et le vert. Un jour, il appliqua une pièce écarlate à des culottes de soie noire. Aussi devons-nous être très-indulgents pour les jugements en fait de couleurs, car il est probable que chacun les voit d'une manière particulière, et que beaucoup de personnes sont daltoniennes sans le savoir. Sur quarante jeunes gens d'un gymnase de Berlin, Leebech en trouva cinq qui confondaient plus ou moins des couleurs ou des nuances distinctes pour la majorité des hommes. Souvent cette imperfection paraît héréditaire dans une famille, et existe chez les garçons mais non chez les filles, car il est très-remarquable que sur cent cinquante cas de daltonisme bien constatés, on ne compte que quatre femmes. Les yeux gris semblent y être plus prédisposés que les autres. Le célèbre historien Sismondi, qui les avait de cette couleur, était daltonien.

On établit deux genres de daltonisme :

1° Le *daltonisme dichromatique*. Les personnes qui en sont affectées ne distinguent que deux couleurs. En voici quelques exemples : Une jeune fille observée en 1684, par un oculiste de Salisbury, appelé Dawbeny Tubervile, ne distinguait que le blanc et le noir, quoiqu'elle pût souvent lire près d'un quart d'heure dans la plus complète obscurité. Cette dernière circonstance n'est pas très-rare chez les daltoniens. Spurzheim cite toute une famille pour laquelle il n'existait que deux couleurs, le noir et le blanc. Un cordonnier de Maryport, dont nous avons parlé plus haut, appelait blanches toutes les teintes claires, et noires toutes les teintes sombres.

Tous les membres masculins de la famille de Troughton étaient dans le même cas que leur père.

2° Le *daltonisme polychromatique* comprend tous ceux qui perçoivent plus de deux couleurs : ce sont les plus nombreux. Gœthe, qui s'était beaucoup occupé d'optique, avait étudié deux jeunes gens doués d'une vue excellente et qui nommaient comme tout le monde le blanc, le noir, le gris, le jaune et le jaune rougeâtre ; mais ils appelaient rouge le carmin desséché en couche épaisse, et bleue la couleur d'un trait mince de carmin fait au pinceau sur une coquille blanche, ainsi que celle des pétales de la rose. Ils confondaient la rose et le bleu avec le violet. La verdure leur paraissait jaune. Gœthe suppose que le sens du bleu et des couleurs dérivées du bleu leur manquait complétement, et il a nommé *akyanoblepsie* cette imperfection de la vue. C'est bien nommé, mais c'est un mot digne des oreilles allemandes. Péclet cite deux frères qui regardaient comme identiques le carmin, le violet et le bleu. Ils confondaient le rouge-garance des pantalons de la troupe de ligne avec le vert des arbres. Le jaune leur paraissait doué d'un grand éclat. Le docteur Sommer, son frère, et huit autres personnes de sa connaissance, ne pouvaient apprécier le rouge et ses mélanges, ils distinguaient seulement le jaune, le noir, le bleu et le blanc. Le docteur Nicholl a observé un enfant qui, dans le spectre, ne voyait que du rouge, du jaune et du bleu : il ne connaissait pas la couleur verte, qu'il appelait brun quand elle était foncée, rouge-clair quand elle était pâle. Le même médecin connaissait un homme qui ne pouvait distinguer le vert du rouge, il appelait brun le vert foncé ; pour lui l'herbe était rouge, et les fruits mûrs lui paraissaient de la même teinte que les feuilles.

Une personne qui s'occupait de peinture n'apercevait pas une pièce d'écarlate pendue à une haie, que d'autres personnes distinguaient à 1500 mètres de distance. Un jour, elle recueillit, comme une grande curiosité, un lichen qui lui paraissait écarlate ; en réalité la plante était d'un beau vert Une autre fois, elle n'aperçut aucune différence dans l'aspect d'une dame qui avait remplacé son rouge par une couche de bleu de Prusse. Un jardinier de Clydesdale avait d'abord embrassé le métier de tisserand : il fut forcé d'y renoncer, car, en plein jour, il confondait toutes les teintes de blanc, nommait correctement le jaune et ses variétés, mais il appelait l'oranger un jaune intense et confondait le rouge avec le bleu, le rose, le brun, le noir et le blanc. Le neveu de Brandin fut forcé d'abandonner le commerce de la soierie, parce qu'il ne pouvait distinguer le bleu du ciel du rouge de la rose. Un peintre de Genève, forcé de faire de nuit le portrait d'une personne qui partait le lendemain, employa le jaune pour le rose. Un daltonien avait peint en beau rouge un sapin au milieu d'un paysage. Un autre fit beaucoup rire, un jour, une nombreuse réunion dans laquelle il se présenta avec un habit de rose clair qu'il croyait être gris de tourterelle, couleur à la mode d'alors.

Wartmann a eu occasion d'étudier avec beaucoup de soin un daltonien appelé D..., âgé de trente-trois ans. Ses frères et sœurs, dont les cheveux sont blonds, ont la même infirmité : ceux dont les cheveux sont rouges en sont exempts. Il ne voit pas de différence entre la couleur d'une cerise rouge et celles des feuilles de cerisier; il confond un papier vert-d'eau avec l'écarlate d'un ruban placé tout auprès. La fleur du rosier lui semble bleu-verdâtre. L'expérimentateur voulut savoir si les couleurs vues par réflexion, par réfraction, polarisées et complémentaires, exerçaient une même action sur sa rétine. D'abord, il lui fit regarder le spectre solaire. D... n'y vit que quatre ou cinq couleurs, du bleu, du vert, du jaune et du rouge, au lieu des sept que tout le monde y aperçoit; mais il reconnut très-bien les raies noires qui séparent les teintes et sont connues sous le nom de raies de Frauenhofer, du nom du physicien qui les a découvertes. Puis on lui mit entre les mains trente-sept verres colorés différemment, à travers lesquels on l'engagea à regarder le soleil. D... ne distingua que quatre couleurs différentes, abstraction faite de l'intensité des teintes. Les couleurs produites par la lumière polarisée ne furent pas même jugées par D.... Le brun chocolat lui semblait un brun rouge, le pourpre-lilas du bleu foncé, le violet du bleu indécis, etc. Lorsque le soleil éclairait les couleurs, elles lui paraissaient toutes plus rouges; il nommait alors rouge ce qu'il appelait auparavant du vert ou du bleu mal défini.

Nous avons vu qu'une couleur complémentaire est celle qui apparaît à côté d une autre sans qu'elle existe réellement, ou qui se montre lorsque l'œil est pour ainsi dire fatigué de la longue contemplation d'une autre couleur. Pour D....., tout est changé aussi bien dans les couleurs naturelles que dans les couleurs supplémentaires. Ainsi, l'on peignit une tête humaine avec des cheveux et des sourcils blancs, les chairs brunâtres, le blanc de l'œil noir, les lèvres et les pommettes vertes, etc. Cette figure parut naturelle au daltonien ; seulement il trouva que les cheveux étaient enveloppés d'un bonnet blanc peu marqué, et que l'incarnat des joues était celui d'une personne échauffée par une longue course. Or, il est bon de remarquer que cette teinte était peinte avec des couleurs complémentaires. Les cheveux et les sourcils étaient blancs au lieu d'être noirs, les chairs brunes et non d'un blanc pâle, les lèvres vertes au lieu d'être rouges.

La cause du daltonisme est complètement inconnue · les psychologistes et les physiologistes en sont encore aux hypothèses , jusqu'ici, aucune différence matérielle entre les yeux des daltoniens et ceux de la grande majorité des hommes n'a pu mettre sur la voie de cette singulière altération du sens de la vue.

VI

ILLUSIONS CAUSÉES PAR LA SENSATION LUMINEUSE ELLE-MÊME

En jouant au coin du feu, les enfants s'amusent quelquefois à faire tourner avec vitesse un charbon dont une des extrémités est incandescente. A mesure que le mouvement de rotation devient plus rapide, l'axe lumineux augmente d'amplitude ; et enfin, lorsque l'on atteint une certaine vitesse, on voit une circonférence entière sur tous les points de laquelle le charbon semble être à la fois. Or, comme son mouvement n'est évidemment que successif, il faut en conclure que la sensation lumineuse sur l'organe de la vue a une durée appréciable, puisque l'impression produite par le charbon dans une des positions qu'il occupe n'a pas encore cessé pendant le temps qui s'écoule jusqu'à son retour dans cette position. Cette persistance explique un grand nombre d'illusions du même genre. Ainsi une corde sonore en vibration semble occuper un espace dont la largeur va en augmentant, des extrémités au milieu. On voit disparaître les raies d'une roue qui tourne rapidement. Un météore qui sillonne avec vitesse la voûte étoilée, laisse après lui une traînée lumineuse dont la longueur apparente dépend de cette vitesse même, de sorte que si elle était assez grande, il pourrait arriver, comme dans l'expérience du charbon ardent, qu'un axe lumineux se montrât un instant avec ses deux extrémités appuyées sur l'horizon.

La persistance des impressions lumineuses sur la rétine a donné lieu à des jeux d'optique fort intéressants, qu'on a désignés sous les noms de *phénakisticope*, de *thaumatrope*, de *fantascope*, etc. Le premier n'exige qu'un petit nombre de pièces, savoir : 1° un axe en fer *a b*, tournant très-facilement dans une tige en laiton *t g* recourbée deux fois à angle droit, qu'il traverse à frottement doux ; 2° un disque circulaire en carton partagé en plusieurs secteurs égaux, et percé vers sa circonférence de trous régulièrement espacés, en nombre égal à celui des secteurs. A chacun de ceux-ci, on a représenté la même scène ; seulement on y a varié les attitudes des personnages, de manière à y établir diverses transitions entre les positions extrêmes que chacun d'eux doit occuper. On fixe le disque sur l'axe tournant, en enlevant d'abord la vis v, et en la resserrant ensuite sur le disque, qui se trouve ainsi maintenu entre cette vis et l'appui P, le côté des figures étant tourné vers a. On tient alors l'axe dans une position fixe, en prenant le manche M dans la main gauche; et fixant l'œil à la hauteur de l'une des ouvertures percées dans le disque, on se place devant une glace pour y regarder l'image réfléchie. Si l'on imprime alors au disque un mouvement de rotation rapide en agissant avec la main droite sur le bouton B, les secteurs dans lesquels est décomposée la surface circulaire sembleront ne plus changer de place; mais les petites images qui y sont tracées paraîtront se mouvoir avec une vitesse qui dépend de celle de la rotation. Les trois maçons de notre figure 4 se passeront l'un à l'autre, avec une merveilleuse prestesse, les moellons que l'un d'eux prend à ses pieds. Le sonneur fera mouvoir sa cloche à pleine volée. Le laquais maniera le balancier de sa pompe aussi facilement que s'il ne s'agissait pour lui que de faire sauter une plume. En un mot, tous ces petits travailleurs

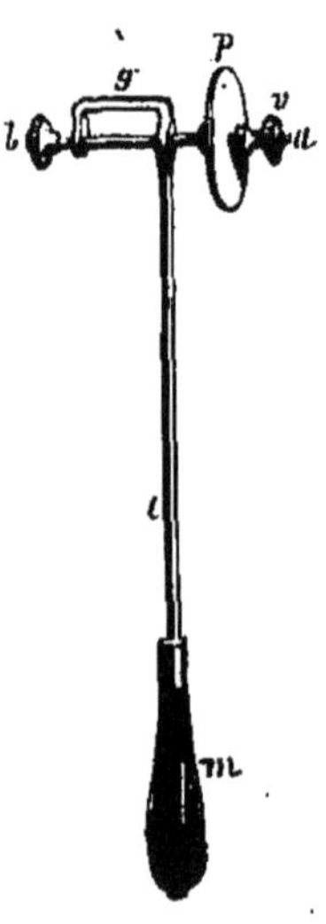

Fig. 3.
Phénakisticope.

s'agiteront avec une ardeur et une vélocité qui changeraient promptement l'aspect du monde physique, si elles pouvaient être imitées par l'industrie humaine.

Fig 4. — Disque du phenakisticope

La durée totale de l'impression lumineuse est d'autant plus grande que la lumière est plus intense. Elle est d'environ $\frac{1}{10}$ de seconde pour un charbon incandescent. Il faut d'ailleurs, pour qu'il y ait production d'une sensation, que l'action de la lumière se fasse sentir sur la rétine pendant un certain temps qui dépend aussi de l'intensité. C'est pour cela que nous distinguons une étincelle électrique ou un éclair, bien que leur lumière soit presque instantanée, tandis qu'une balle, un boulet chassé de plein fouet, ou même d'autres corps animés d'une moindre vitesse, mais dont la surface ne réfléchit qu'une lumière diffuse, ne peuvent être aperçus[1].

Nous avons parlé plus haut des couleurs accidentelles qui suivent l'impression des objets dans l'œil; ce n'est pas immédiatement que ces couleurs sont produites, mais un instant après qu'on a cessé de voir, car la même couleur et la même lumière subsistent pendant un dixième de seconde environ, comme nous venons de le dire. Le second instrument, le thaumatrope, est construit sur ce principe. Il se compose, dit Brewster, d'après le docteur Pâris, son inventeur, d'un certain nombre de morceaux de carte circulaires, de quelques centimètres de large, qui peuvent tourner avec une grande rapidité par l'application de l'index et du pouce de chaque main à des fils de soie qui sont attachés aux points opposés de leur circonférence. De chaque côté des morceaux de carte circulaires, est peinte une partie d'image ou

[1] *Magasin pittoresque*, t. XI.

de figure de telle sorte que les deux parties font une image entière, ou un tout quand on voit les deux côtés à la fois. Arlequin, par exemple, est d'un côté et Colombine de l'autre, de manière qu'en faisant tourner la carte, on les voit ensemble. Un corps de Turc est dessiné d'un côté de la carte, sa tête l'est de l'autre, et par la rotation de la carte, la tête se retrouve sur ses épaules. Le principe de cette illusion peut avoir d'autres applications amusantes; on peut écrire la moitié d'une sentence d'un côté et la moitié de l'autre. On peut réunir des demi-lettres ou des demi-mots d'un côté de telle sorte que la rotation seule de la carte les complète.

Comme la carte tournante est virtuellement transparente de manière qu'on peut voir au travers, le pouvoir de l'illusion peut s'étendre beaucoup, en introduisant dans la peinture, l'image d'autres figures animées ou inanimées. Le soleil levant, par exemple, peut être introduit dans un paysage; une flamme peut paraître s'échapper du cratère d'un volcan; des troupeaux qui passent dans un champ peuvent faire partie d'un paysage tournant. Mais pour ces jeux, il faudrait entièrement changer la forme de l'instrument et effectuer la rotation à l'aide d'un axe et d'une roue d'engrenage : un écran placé en avant du plan tournant, ayant des ouvertures à travers lesquelles apparaîtraient les figures principales. Si le principe de cet instrument eût été connu des anciens, il eût, sans aucun doute, formé une puissante machine d'illusion de leurs temples, et eût été d'un plus grand effet que les moyens optiques qu'ils semblent avoir employés pour l'apparition de leurs dieux.

Le troisième des instruments signalés ci-dessus est encore construit sur les mêmes principes des erreurs de la vision. Il n'est personne qui n'ait remarqué, dit la publication à laquelle nous avons emprunté la description du phénakisticope, que pour regarder à des distances diverses, les yeux se disposent spontanément de la manière la plus favorable à la vision. On sait de plus que lorsque l'attention se fixe particulièrement sur un objet, ceux qui se trouvent sur des plans même plus rapprochés de l'observateur ne sont perçus que d'une manière plus ou moins incomplète.

Ainsi, que l'on regarde un objet situé derrière un grillage placé à peu près à mi-distance entre l'observateur et l'objet, l'organe de la vision n'aura du grillage qu'une sensation confuse. Mais que l'attention se porte au contraire sur le grillage interposé, les yeux aussitôt verront distinctement le grillage et confusément, au contraire, l'objet placé derrière.

Si cette observation est faite avec soin, on reconnaîtra facilement que, dans l'une ou l'autre hypothèse, l'image de l'objet vu confusément est double. C'est ce que chacun peut vérifier immédiatement, en interposant un doigt entre ses yeux et un objet placé à peu de distance, et regardant alternativement soit l'objet soit le doigt.

On sait encore par expérience que lorsque la vue est arrêtée sur un objet, si l'on exerce avec le doigt une pression latérale sur le globe de l'un des yeux, l'image de l'objet devient double.

Il semble facile d'expliquer ces phénomènes. Si la vision ordinaire, au moyen des deux yeux, ne donne lieu, dans l'état normal des choses, qu'à la perception d'une image unique, cela tient à ce que les deux images formées sur chaque rétine tombent en des points correspondants dont l'habitude a appris à ne rapporter la perception qu'à un seul objet. Mais quand les yeux se sont disposés pour regarder à une certaine distance, les deux images formées par un objet placé plus loin ou plus près ne tombent plus sur des points correspondants de la rétine, et chacune d'elles est rapportée par l'observateur à un objet différent. Il en est de même quand l'axe de l'un des yeux est momentanément déplacé.

Ces phénomènes ont donné lieu à la construction, par le docteur Lake, des États-Unis, d'un appareil fort simple, appelé par lui *phantascope*, petit appareil avec lequel on peut obtenir des effets assez curieux.

Au milieu de l'un des bords d'une planchette de 25 à 30 centimètres, qui sert de base à l'instrument, on fixe verticalement une tige de 35 à 40 centimètres de hauteur, sur laquelle sont engagés deux viroles qui peuvent y être arrêtées, à des hauteurs diverses, par des petites vis de pression. Chacune de ces viroles sert de soutien à un plateau horizontal de carton ou de bois mince, de 12 à 15 centimètres de longueur et d'une largeur quelconque. Le premier plateau, celui du haut, qui peut être le plus étroit, est percé d'une fente longitudinale d'environ 5 à 6 millimètres de largeur et dont la longueur doit être de 7 centimètres environ, pour excéder un peu l'écartement ordinaire des points visuels des yeux ou des centres des pupilles. Le second est percé d'une fente de même longueur, correspondant verticalement à la première, et de 2 à 3 centimètres de largeur. De plus, la face supérieure de ce plateau, que nous appelons l'écran, doit porter dans la ligne qui correspond au milieu de la fente, un index transversal.

Les choses étant ainsi disposées, si l'on arrête le plateau supérieur en abaissant l'écran, et si l'on place sur la planchette inférieure, au-dessous des deux fentes, deux objets semblables quelconques, comme seraient deux A, écartés entre eux de 6 à 7 centimètres, ces deux objets pourront être vus directement à travers la fente de l'écran, lorsque l'on regardera avec les deux yeux par la fente du plateau supérieur. Mais si l'on relève graduellement l'écran en arrêtant avec persistance la vue sur l'index, la vision des A deviendra confuse; l'image de chacun se dédoublera, et l'on verra quatre A ainsi disposés :

A A A A

à mesure que l'écran se relèvera, les deux images intérieures iront en s'éloignant des images extrêmes, et il arrivera un moment, pour une certaine position de l'écran, où les deux images intérieures se superposeront ainsi qu'il est indiqué sur la figure; si l'on continue à fixer la vue sur l'index, on apercevra entre ses deux extrémités l'image d'un A à peu près aussi distincte que le serait celle d'une lettre semblable placée, à l'échelle convenable, dans le plan même de l'écran.

D'où résulte la production fantastique en un point où il n'existe pas d'objet.

Si la vue cesse de s'arrêter sur l'index, immédiatement l'illusion disparaît et l'on ne voit plus que les deux A, placés sur la base de l'instrument, dans leur position réelle.

Il est facile de remarquer, en faisant cette expérience, que si les deux objets destinés à produire l'image fantastique ont le même écartement que les pupilles, l'écran devra partager en deux parties égales la distance du plateau supérieur à la base de l'instrument. Dans tous les cas, les distances de l'écran au plateau supérieur et à la base doivent être entre elles dans le même rapport que celui qui existe entre l'écartement des pupilles de l'observateur et celui des deux objets.

En partant de cette donnée générale, il est aisé de varier l'expérience de mille manières.

On peut, par exemple, remplacer les A par deux fleurs semblables en dessinant sur l'écran un petit pot de fleur avec un bout de tige qui serve d'index, on amènera l'image fantastique des deux fleurs à l'extrémité de cette tige. Si, dans cette expérience les fleurs sont de deux couleurs différentes, la couleur de l'image fantastique participera de l'une et de l'autre. Une fleur bleue et une fleur rouge donneront lieu à une image violette; une fleur rouge et une fleur jaune à une image orangée; une fleur bleue et une fleur jaune à une fleur verte.

Deux traits de direction perpendiculaire comme les deux suivants, — | donneront une petite croix, +.

Enfin les deux parties complémentaires d'une même figure placées l'une d'un côté, l'autre de l'autre, à la hauteur convenable, reproduiront dans l'image fantastique la figure complète. Que l'une des parties soit, par exemple, un petit personnage sans sa tête et l'autre la tête séparée du tronc, mais placée en regard, à la hauteur qui convient pour le raccordement, et l'image fantastique présentera le personnage dans son ensemble.

Ce petit instrument est propre à éclairer bien des points encore obscurs, relativement à la constitution de l'organe de la vue. Il mettra facilement en évidence ce fait que les deux yeux ne voient que bien rarement de la même manière, et que c'est en général tantôt l'un, tantôt l'autre, qui voit le plus distinctement.

Il est évident d'ailleurs que l'on peut suppléer à l'appareil ci-dessus dessiné au moyen de deux feuilles de carton percées de fentes, ainsi que nous l'avons indiqué, et tenues à la hauteur convenable avec les deux mains. Seulement, avec l'appareil ainsi simplifié, les observations seront plus difficiles et donneront des résultats moins satisfaisants.

VII

L'IMAGINATION

Les faits précédents montrent que les illusions de l'optique commencent au mécanisme de notre œil lui-même, et que, sans sortir du mode d'action de cet organe, on rencontre déjà de curieux exemples de ces phénomènes. Nous ferons bientôt comparaître devant notre examen les moyens nombreux que l'art a inventés pour séduire le sens de la vue, et lui donner des impressions purement imaginaires. Mais avant d'aborder ces appareils extérieurs, restons encore quelques instants dans le domaine de l'homme. Il y a dans notre être une faculté bizarre, à la fois bienfaisante et pernicieuse, bonne et perfide, vaste et parfois étroite, si singulière enfin, que les langues de tous les peuples se sont accordées à la nommer « la folle du logis. » Cette étonnante faculté a nos cinq sens pour serviteurs, mais c'est surtout au sens de la vue qu'elle emprunte le canevas de ses broderies. Si l'on formait le projet de décrire les voyages de cette faculté aux ailes si capricieuses, on pourrait facilement écrire là-dessus sans s'arrêter dix volumes comme celui-ci, depuis les images saines et raisonnables qui sont au vestibule, jusqu'aux folies et aux absurdités qui se groupent fantastiquement au fond du labyrinthe. Je ne veux donc pas entreprendre ici cette histoire, même restreinte aux seules hallucinations du sens de la vue. Seulement, comme instruction intéressante et utile, aussi bien que comme trait d'union entre l'organe de la vision et l'impression que produisent les tableaux de la fantasmagorie, je vais vous présenter quelques faits authentiques montrant jusqu'à quel degré peuvent atteindre les illusions de l'optique, surtout lorsqu'elles sont animées par cet être mystérieux : l'Imagination.

L'excellent ouvrage de Brière de Boismont[1] sera notre cicérone, et c'est à lui que nous demanderons des exemples de ces singuliers effets. Il va sans dire que ces exemples sont pris chez des hommes dont l'état mental n'est pas altéré, qui jouissaient de la pleine possession de leurs facultés, et pouvaient sainement analyser les im-

[1] *Des hallucinations, ou histoire raisonnée des apparitions, visions*, etc.

pressions qui leur étaient ou leur paraissaient causées par leurs yeux.

Voici une première observation qui se rattache aux accidents de vision examinés au chapitre IV.

Vers la fin de 1835, madame N., blanchisseuse, tourmentée par de violentes douleurs de rhumatisme, quitta sa profession et se livra à la couture. Peu exercée à ce genre de travail, elle veillait fort avant dans la nuit pour gagner de quoi subvenir à ses besoins; elle tomba néanmoins dans la misère et fut prise d'une ophthalmie très-intense, qui bientôt passa à l'état chronique. Comme elle continuait à coudre, elle voyait à la fois quatre mains, quatre aiguilles et quatre coutures; il y avait diplopie double à cause d'une légère divergence dans les axes visuels. Madame N. se rendit d'abord bien compte de ce phénomène; mais au bout de quelques jours, son indigence s'étant accrue, et produisant sur ses facultés une vive impression, elle s'imagina qu'elle faisait réellement quatre coutures à la fois, et que Dieu, touché de son infortune, faisait un *miracle* en sa faveur!

Voici un autre fait qui montre en même temps le passage de l'illusion à l'hallucination.

Un homme de 52 ans, d'une constitution pléthorique, après avoir éprouvé une altération dans les fonctions visuelles qui lui représentaient les objets, tantôt doubles, tantôt renversés, offrit subitement tous les symptômes d'une congestion cérébrale, qui fit craindre une apoplexie. On l'en sauva: mais il s'ensuivit le strabisme et une singulière hallucination. Ses paupières se contractaient, et le globe des yeux se contournait de droite à gauche à des intervalles plus ou moins éloignés; son imagination lui représentait alors des objets ou des personnes qu'il désignait et qu'il prétendait suivre des yeux jusque dans la salle à manger et dans la cuisine, pièces entièrement séparées de la chambre où il était couché. Ce malade, qui était convaincu de la réalité de cette fausse perception, a succombé à une nouvelle attaque d'apoplexie.

Les observations suivantes dénotent pareillement de singulières illusions d'optique, si singulières que certaines d'entre elles paraissent toucher à la sphère du surnaturel et durent, aux époques d'ignorance, faire passer pour des êtres mystérieux ceux qui étaient doués de ces facultés.

Un peintre, qui avait hérité en grande partie de la clientèle du célèbre sir Josué Reynold, et se croyait d'un talent supérieur au sien, était si occupé qu'il m'avoua, dit Wigan, avoir peint dans une année 300 portraits grands et petits. Ce fait paraît physiquement impossible: mais le secret de sa rapidité et de son étonnant succès était celui-ci : il n'avait besoin que d'une séance pour représenter le modèle. Je le vis exécuter sous mes yeux en moins de 8 heures le portrait en miniature d'un monsieur que je connaissais beaucoup ; il était fait avec le plus grand soin et d'une ressemblance parfaite.

Je le priai de me donner quelques détails sur son procédé, voici ce qu'il me répondit : « Lorsqu'un modèle se présentait, je le regardais attentivement pendant une demi-heure, esquissant de temps en temps sur la toile. Je n'avais pas besoin d'une plus longue séance. J'enlevais la toile et je passais à une autre personne. Lorsque je voulais continuer le premier portrait, *je prenais l'homme dans mon esprit, je le mettais sur la chaise, où je l'apercevais aussi distinctement que s'il y eût été en réalité*, et je puis même ajouter avec des formes et des couleurs plus arrêtées et plus vives. Je regardais de temps à autre la figure imaginaire, et je me mettais à peindre ; je suspendais mon travail pour examiner la pose, absolument comme si l'original eût été devant moi ; *toutes les fois que je jetais les yeux sur la chaise, je voyais l'homme.*

« Cette méthode m'a rendu très-populaire, et comme j'ai toujours attrapé la ressemblance, les clients étaient enchantés que je leur épargnasse les ennuyeuses séances des autres peintres. J'ai gagné beaucoup d'argent que j'ai su conserver pour moi et mes enfants.

« Peu à peu je commençai à perdre la distinction entre la figure imaginaire et la réelle, et quelquefois je soutenais aux modèles qu'ils avaient déjà posé la veille. A la fin j'en fus persuadé, et puis tout devint confusion. Je suppose qu'ils prirent l'alarme. Je ne me rappelle plus rien. Je perdis l'esprit et restai trente ans dans un asile. Cette longue période, à l'exception des six derniers mois de ma séquestration, n'a laissé aucun souvenir dans ma mémoire; il me semble cependant que, lorsque les personnes parlent de leur visite à l'établissement, j'en ai une connaissance vague, mais je ne veux pas m'arrêter sur ce sujet. »

Ce qu'il y a d'étonnant, c'est que quand cet artiste reprit ses pinceaux après ce laps de trente ans, il peignit presque aussi bien qu'à l'époque où la folie l'avait forcé d'abandonner son art.

Cette faculté d'évoquer les ombres, d'en peupler la solitude, peut aller jusqu'à transformer les personnages présents en autant de fantômes.

Hyacinthe Langlois, artiste distingué de la ville de Rouen, intimement lié avec Talma, nous a raconté, continue Brière de Boismont, que ce grand artiste lui avait confié que, lorsqu'il entrait en scène, il avait le pouvoir, par la force de sa volonté, de faire disparaître les vêtements de son brillant et nombreux auditoire, et de substituer à ces personnages vivants autant de squelettes. Lorsque son imagination avait ainsi rempli la salle de ces singuliers spectateurs, l'émotion qu'il en éprouvait donnait à son jeu une telle force, qu'il en résultait souvent les effets les plus saisissants.

« J'ai connu, dit Wigan, un homme fort intelligent et très-aimable qui avait le pouvoir de placer son image devant lui; il riait souvent de bon cœur à la vue de son Sosie, qui paraissait aussi lui-même toujours rire. Cette illusion fut pendant longtemps un sujet de divertissement et de plaisanterie; mais le résultat en fut déplorable. Il se persuada peu à peu qu'il était hanté par son double. Cet autre lui-même discutait opiniâtrément avec lui, et à sa grande mortification le réfutait quelquefois, ce qui ne laissait pas que de l'humilier beaucoup, à cause de la bonne opinion qu'il avait de son raisonnement. Ce monsieur, quoique excentrique, ne fut jamais isolé ni soumis à la plus légère contrainte. A la fin, accablé d'ennuis, il résolut de ne pas recommencer une nouvelle année, paya toutes ses dettes, enveloppa dans des papiers séparés le montant des dépenses de la semaine, attendit, pistolet en main, la nuit du 31 décembre, et au moment où la pendule sonnait minuit, il se fit sauter la cervelle. »

On lit dans l'ouvrage d'Abercrombie l'observation d'un homme qui a été toute sa vie assiégé par des hallucinations. Cette disposition est telle que s'il rencontre un ami dans la rue, il ne sait d'abord s'il voit une personne véritable ou un fantôme. Avec beaucoup d'attention, il peut constater une différence entre eux ; les traits de la figure réelle sont plus arrêtés, plus finis que ceux du fantôme, mais, en général, il corrige les impressions visuelles en touchant ou en écoutant le bruit des pas. Il a la faculté de rappeler à volonté les visions en fixant fortement son attention sur la conception de son esprit. Cette hallucination peut se composer d'une figure, d'une scène qu'il a vue, d'une création de son imagination, mais quoiqu'il ait la faculté de produire l'hallucination, il ne peut la faire disparaître ; lorsqu'il a usé de ce pouvoir, il ne peut jamais dire combien de temps elle persistera. Cet homme est dans la force de l'âge, sain d'esprit, d'une bonne santé et engagé dans les affaires. Une autre personne de la famille a eu la même affection, quoiqu'à un moindre degré.

En 1806, le général Rapp, de retour du siége de Dantzig, ayant besoin de parler à l'empereur, entra dans son cabinet sans se faire annoncer. Il le trouva dans une préoccupation si profonde, que son arrivée passa inaperçue. Le général, le voyant toujours immobile, craignit qu'il ne fût indisposé ; il fit du bruit à dessein. Aussitôt, Napoléon se retourna, et, sans aucun préambule, saisissant Rapp par le bras, il lui dit, en lui montrant le ciel : « Voyez-vous là-haut ? » Le général resta sans répondre ; mais interrogé une seconde fois, il répondit qu'il n'apercevait rien. « Quoi ! répond l'empereur, vous ne la découvrez pas ? C'est mon étoile, elle est devant nous, brillante ; » et, s'animant par degrés, il s'écria : « Elle ne m'a jamais abandonné ; je la vois dans toutes les grandes actions ; elle m'ordonne d'aller en avant, et c'est pour moi un signe constant de bonheur. »

Un des arguments les plus puissants qu'on ait fait valoir contre l'extériorité des images dans l'hallucination, est l'affaiblissement ou la perte de la vue. Esquirol et M. Lélut en ont cité plusieurs exemples. Il est incontestable que, dans la cécité, les hallucinations ont lieu dans le cerveau.

Un vieillard, mort âgé de quatre-vingts ans, ne se mettait jamais à table, dans les dernières années de sa vie, sans voir autour de lui une nombreuse réunion des convives habillés comme on l'était un demi-siècle auparavant. Ce vieillard n'avait qu'un œil d'une faiblesse très-grande :

aussi portait-il un garde-vue vert. De temps en temps il apercevait devant lui sa propre image qui semblait réfléchie par le garde-vue.

Le docteur Dewar, de Sterling, a rapporté à Abercrombie un exemple très-remarquable de ce genre d'hallucination. La malade, entièrement aveugle, ne se promenait jamais dans la rue sans apercevoir une petite vieille à manteau rouge, tenant à la main une canne à bec de corbin. Cette apparition la précédait ; elle ne se montrait pas quand cette dame était dans sa maison.

Les illusions s'observent fréquemment dans l'état sain ; elles sont facilement corrigées par le raisonnement. Il serait inutile de rappeler les exemples tant de fois cités de la tour carrée qui paraît ronde, du rivage qui semble fuir ; ces faits sont depuis longtemps convenablement appréciés ; mais il est des illusions dont la véritable cause n'a été connue que très-tard par les progrès de la science ; tels sont le géant du Broken, la fée Morgane, le mirage.

Une illusion semblable a fait que, dans le Westmoreland et dans d'autres pays montagneux, on s'est imaginé voir dans l'air des troupes de cavaliers et des armées faire des marches et des contre-marches, tandis que ce n'était que la réflexion des chevaux paissant sur une montagne opposée et celle de paisibles voyageurs.

Un grand nombre de circonstances différentes peuvent donner naissance aux illusions.

Une *forte impression*, le *souvenir* d'un événement qui a eu un grand retentissement, peuvent, au moyen de l'association des idées, donner lieu à une illusion.

Je me trouvais à Paris, rapporte Wigan, à une soirée de M. Bellart, quelques jours après l'exécution du prince de la Moscowa. L'huissier, entendant le *nom* de M. Maréchal aîné, annonça M. le maréchal Ney. Un frisson électrique parcourut l'assemblée, et j'avoue, pour ma part, que la ressemblance du prince fut, pendant un instant, aussi parfaite à mes yeux que la réalité.

Lorsque l'esprit est ainsi préparé, les objets les plus familiers se transforment en fantômes. Ellis raconte une anecdote de ce genre qu'il tenait d'un témoin oculaire, capitaine de vaisseau à Newcastle sur la Tyne.

Pendant la traversée, le cuisinier du navire mourut. Quelques jours après ses funérailles, le second accourut plein d'effroi dire au capitaine que le cuisinier marchait devant le vaisseau, et que tout le monde était sur le pont pour le voir. Celui-ci, très-mécontent d'être dérangé pour un fait pareil, donne l'ordre de diriger le vaisseau vers Newcastle afin de voir qui des deux entrerait le premier dans le port ; mais, obsédé de nouveau, il avoua franchement que la contagion l'avait gagné. En regardant l'endroit désigné, il aperçut une forme humaine dont la démarche était tout à fait semblable à celle de son vieil ami, et qui était coiffée comme lui. La panique devint générale, chacun restait immobile. Forcé de se mettre lui-même à la manœuvre, il reconnut en s'approchant, que la cause ridicule de toute leur erreur était un fragment du sommet d'un grand mât, provenant de quelque naufrage, qui flottait devant eux. S'il n'avait pas pris le parti d'approcher de l'esprit prétendu, ce conte du cuisinier marchant sur les eaux aurait longtemps circulé et excité la frayeur d'un grand nombre de braves gens de Newcastle.

Les faits de ce genre sont nombreux ; nous en citerons plusieurs autres qui expliquent une multitude d'histoires qu'on trouve dans les auteurs.

Ajax est si fâché qu'on ait adjugé les armes d'Achille à Ulysse, qu'il en devient furieux. Apercevant un troupeau de pourceaux, il tire son épée et les frappe à coups redoublés, les prenant pour des Grecs. Il saisit ensuite deux de ces animaux, les prend et les fouette fortement en les accablant d'injures, car il s'imagine que l'un est Agamemnon son juge, et l'autre Ulysse son ennemi ; revenu à lui, il a une telle honte de son action, qu'il se perce de son épée.

Le roi Théodoric, aveuglé par la jalousie et cédant aux suggestions perfides de ses courtisans, ordonne que le sénateur Symmaque, un de ces hommes les plus vertueux de son temps, soit mis à mort. A peine cet ordre cruel est-il exécuté, que le roi est assailli de remords. Il se reproche sans cesse son crime. Un jour on apporte sur sa table un nouveau poisson. Tout à coup il pousse un cri d'effroi, il a vu dans la tête du poisson celle de l'infortuné Symmaque. Cette vision le plonge dans une mélancolie profonde qui ne cesse qu'avec sa vie.

Bessus entouré de ses convives, se livrant à la joie du festin, cesse de prêter l'oreille à ses flatteurs. Il écoute avec attention un discours que personne n'entend; puis, transporté de fureur, il s'élance de son lit, saisit son épée, et courant à un nid d'hirondelles, il frappe ces pauvres oiseaux, les blesse et les tue. « Concevez-vous, s'écrie-t-il, l'insolence de ces oiseaux qui osent me reprocher le meurtre de mon père ? »

Surpris de ce spectacle, les parasites disparaissent, et l'on apprend quelque temps après que Bessus est réellement coupable, et que son action n'a été que le résultat du cri de sa conscience.

Les illusions de la vue et de l'ouïe se sont plusieurs fois montrées sous la forme épidémique; les historiens en contiennent un grand nombre de faits. Une des principales est celle qui transforme les nuages en armées, en figures de toute espèce. Les croyances religieuses, les phénomènes d'optique, les lois physiques alors inconnues, les fièvres graves, qualifiées de pestilentielles, le dérangement du cerveau, en donnent une explication très-naturelle.

Nous avons emprunté ces exemples à Brière de Boismont pour montrer combien il est facile de séduire l'imagination et pour établir, avant de passer aux appareils laborieusement construits pour tromper notre vue, que ce sens lui-même est bien souvent sur la pente de l'illusion. Nous ajouterons encore l'observation de Brewster sur la facilité avec laquelle l'imagination sait tirer des formes distinctes d'une masse confuse comme la flamme du feu, ou un ensemble d'ombres irrégulières : c'est le petit récit que fait lui-même Pierre Heamann, Suédois qui fut exécuté pour meurtre et piraterie... « Une chose remarquable fut qu'un jour que nous raccommodions un vaisseau, ce qui était fort peu de chose, après avoir goudronné le bout, je pris la brosse pour goudronner d'autres parties que je pensais en avoir besoin. Mais quand nous étendions le goudron dessus, je fus étonné de voir qu'il représentait une potence et un homme dessous sans tête. La tête était gisante devant lui. C'était un corps complet, jambes, cuisses, bras, comme un corps d'homme. Or, je l'ai souvent remarqué et répété aux autres. Je leur disais toujours : « Cela vous montre ce qui arrivera. » J'ai souvent descendu à fond de cale, un jour calme, et caché ma figure avec une voile, pour ne pas avoir toujours cette image devant les yeux. »

L'imagination crée pour l'esprit une sorte d'organe visuel en correspondance intime avec celui du corps et qui le supplée parfois (comme dans les rêves) avec une perfection si précise que la pensée ne saurait s'apercevoir de la substitution. C'est pourquoi les physiciens mettent tout en œuvre, comme nous le verrons plus loin, pour prédisposer les spectateurs à l'illusion. Le professeur que nous venons de citer va jusqu'à dire que « l'œil de l'esprit est réellement l'œil du corps » et que la rétine est la base commune où ces deux genres d'impressions se manifestent, et par laquelle elles reçoivent leur existence visuelle, conformément aux lois de l'optique, et voici comment il développe son jugement sur les images que l'imagination crée ou reproduit dans les idées ou dans la mémoire.

Quand on est sain de corps et d'esprit, l'intensité relative de ces deux classes d'impressions sur la rétine est convenablement répartie. Les images mentales sont passagères et faibles comparativement, et dans les tempéraments ordinaires, elles ne sont jamais capables de troubler ou d'effacer les images des objets visibles. Les affaires de la vie ne pourraient se traiter si la mémoire y introduisait la brillante représentation du passé dans une scène domestique ou le voile du paysage extérieur. Les deux impressions opposées, au reste, ne peuvent pas exister ; la même fibre nerveuse qui apporte à la rétine les figures conçues par la mémoire, ne peut pas au même instant ramener les impressions des objets extérieurs, de la rétine au cerveau. L'esprit ne peut accomplir deux fonctions différentes au même instant, et la direction de son attention pour l'une ou l'autre des deux classes d'impressions produit nécessairement l'extinction de l'autre; mais l'exercice de la puissance mentale est si rapide, que les apparitions et les disparitions alternatives de deux impressions contraires ne se reconnaissent pas plus que les observations successives des objets extérieurs, pendant le clignotement des paupières. Si, par exemple, nous regardons la façade de Saint-Paul, et que sans changer de position, notre mémoire évoque la célèbre vue du mont Blanc, l'image de la cathédrale, quoique actuellement peinte sur la rétine, est momentanément effacée par un effort de l'esprit, exactement comme un objet vu par vision indirecte :

pendant l'instant où l'image, souvenir de la montagne, sortant de son second rang, se présente au premier, elle est vue distinctement, mais avec des nuances affaiblies et des contours indécis. Dès que l'envie du souvenir cesse, l'image disparaît, et celle de la cathédrale reprend l'ascendant et reparaît.

Dans les ténèbres et la solitude, quand les objets extérieurs ne produisent pas d'images qui troublent celles de l'esprit, ces dernières sont plus vives et plus distinctes ; dans cet état où l'on n'est ni tout à fait éveillé, ni tout à fait endormi, l'intensité des impressions approche presque de celle des objets visibles ; chez les personnes d'habitudes studieuses, qui sont très-occupées des opérations de l'esprit, les images mentales sont plus distinctes que chez d'autres, et dans leurs pensées abstraites, les objets extérieurs cessent même de faire aucune impression sur la rétine. Le savant, absorbé par la méditation, éprouve une privation momentanée de l'usage de ses sens. Ses enfants et ses domestiques peuvent entrer dans sa chambre sans qu'il les voie ; ils lui parlent sans qu'il les entende ; ils essayent même de le faire sortir de sa rêverie sans y parvenir ; et cependant ses yeux, ses oreilles et ses nerfs, reçoivent les impressions de la lumière, du son et du contact. Dans ce cas, l'esprit du savant est volontairement occupé à suivre une idée qui l'intéresse profondément ; mais tout le monde, sans être préoccupé d'études scientifiques, perçoit dans l'œil de l'esprit les images d'amis morts ou absents, ou de figures de fantaisie qui n'ont aucun rapport avec le cours de leurs pensées. Il en est de ces apparitions involontaires comme de celles des spectres, et quoiqu'elles se lient certainement à la pensée intime, il est souvent impossible d'apercevoir le moindre anneau de la chaîne qui les a liées.

LOIS DE LA LUMIÈRE

I

CE QUE C'EST QUE LA LUMIÈRE

Vous savez tous en quoi consiste l'action de la lumière, sans savoir précisément pour cela en quoi consiste la lumière elle-même. Toute définition ne servirait ici qu'à obscurcir notre idée. La lumière est ce qui nous donne la perception des objets extérieurs.

Un aveugle-né sur lequel on parvint à faire avec succès l'opération de la cataracte, s'était pendant longtemps appliqué à saisir la nature des phénomènes inconnus dont l'observation lui était interdite. Il avait bien classé dans sa tête les définitions qu'on lui avait données sur la lumière, avait combiné les explications et croyait avoir acquis la notion de cette chose. Quel ne fut pas l'étonnement de son professeur lorsqu'après avoir reçu la vue, sur la question qui lui était posée d'exprimer alors son opinion sur la lumière, il prit un morceau de sucre, et dit que c'était sous cette forme qu'il se l'était représentée.

Pour nous, qui avons le bonheur de jouir du sens de la vue, nous connaissons cet agent mystérieux plus par les jouissances qu'il nous a causées que par les analyses que nous en avons faites. C'est un lien magique qui nous met en rapport avec l'univers entier, qui se joue des distances et franchit les abîmes. Par la lumière nous apprécions la beauté des nuances et des formes, par elle nous touchons en quelque sorte les objets inaccessibles. Elle constitue le rapport le plus intime que notre âme puisse avoir avec le monde extérieur, et cette correspondance avec notre âme est si grande qu'il semble même que notre humeur et notre disposition de caractère suivent les variations de son intensité. Les jours mornes et brumeux d'hiver, les heures où les frimas et les pluies combattent dans l'atmosphère, répandent comme un voile sur notre front et comme une tristesse dans notre vie. Le réveil du gai soleil au printemps, la renaissance de la lumière et du ciel, au contraire, ouvrent notre cœur et notre esprit, la gaieté de la nature nous gagne, et le sentiment d'un nouveau bonheur nous prédispose à toutes les joies. Ce rapport intime de la lumière à notre âme, consacré encore par notre tendance à monter sans cesse vers elle et à l'aimer par-dessus d'autres impressions, pourrait être la source de pages éloquentes, et ce serait un utile spectacle à développer que de montrer l'élévation graduelle de l'homme, depuis les peuplades antiques qui tremblaient chaque soir à l'approche des ténèbres et saluaient l'aurore avec tant d'enthousiasme, jusqu'à la philosophie des sciences qui, sur les ailes de la lumière, a pris possession du monde. Mais ici nous devons nous arrêter aux jeux et aux *actions superficielles* de cet agent merveilleux, qui, dans ces derniers temps, est devenu entre les mains de l'homme la source la plus féconde des illusions, et l'origine d'un monde riche et brillant dont l'existence n'est pourtant qu'une apparence.

On a cru pendant longtemps que la lumière était semblable à une armée compacte de petites boules, émises par les corps lumineux, qui viendraient frapper nos yeux et produire ainsi le phénomène de la vision. Ces boules ou molécules seraient naturellement de la plus extrême petitesse, et les corps éclairés nous les renverraient comme autant de particules élastiques. Dans cette hypothèse, la lumière est un agent substantiel. L'illustre Newton en est le promoteur. Elle a compté des partisans célèbres, et le dernier est mort récemment : c'était M. Biot.

C'est la théorie de l'*émission*. Une autre la remplace généralement aujourd'hui, celle des *ondulations*, proposée vers 1660 par Huygens, physicien hollandais, celui même qui écrivit à la fin de sa vie un livre curieux sur les habitants des autres mondes et leurs coutumes planétaires. Fresnel, au commencement de ce siècle, démontra, par de brillantes découvertes, la supériorité de cette théorie, et Arago confirma de nouveau cette démonstration. Dans cette explication, la lumière n'est plus une somme de molécules projetées par les corps lumineux, mais seulement l'excitation d'un fluide élastique remplissant le monde entier, excitation provenant du mouvement vibratoire dont seraient animées les parties constitutives des corps lumineux. Une comparaison fera facilement saisir ce phénomène. Si vous jetez une pierre dans une pièce d'eau dormante, il se formera, autour du point où la pierre sera tombée, une série d'ondulations circulaires, partant de ce centre et s'éloignant graduellement en s'agrandissant. Lorsqu'un bruit quelconque éclate dans l'air, le même fait se produit autour du point où le bruit fut formé. Une série d'ondulations se répand de proche en proche dans l'air, non plus seulement horizontalement, comme pour la pièce d'eau, mais dans tous les sens. Ce sont ces ondulations sphériques qui constituent le son. Pour la lumière, enfin, lorsqu'un corps lumineux est placé dans l'espace, l'éther qui l'environne entre en vibration, et ce premier mouvement se communique aussitôt alentour, en tous les sens, avec une vitesse extrême. Dans le cas précédent, c'étaient des ondes sonores; ici ce sont des ondes lumineuses. Ce sont elles qui produisent dans nos yeux *la sensation* de la clarté. On peut donc dire que la lumière est un mouvement, comme le son, et que l'obscurité est un repos, comme le silence.

Beaucoup de personnes croient encore aujourd'hui que la lumière se propage instantanément, et ne peuvent pas se figurer que nous ne voyons pas un flambeau au moment précis où on l'allume, mais un instant après. J'ai quelquefois causé avec des gens instruits, d'un jugement sérieux et doués des connaissances élémentaires, qui néanmoins ne sont jamais parvenus à comprendre que nous ne voyons pas les étoiles telles qu'elles sont aujourd'hui, mais telles qu'elles étaient au moment où s'échappa de leur surface l'onde lumineuse par laquelle nous les voyons, et qui ne nous arrive qu'après plusieurs nombre d'années de marche. Il est intéressant et utile cependant de se former une idée juste sur la propagation de la lumière.

La détermination de la vitesse prodigieuse avec laquelle se meut la lumière dans l'espace, dit Arago, est sans contredit un des plus heureux résultats de l'astronomie moderne. Les anciens croyaient cette vitesse infinie ; et leur manière de voir n'était pas, à cet égard, comme sur tant d'autres questions de physique, une simple opinion dénuée de preuves ; car Aristote, en la rapportant, cite à son appui la transmission instantanée de la lumière du jour. Cette opinion fut ensuite combattue par Alhazen, dans son *Traité d'optique*, mais seulement par des raisonnements métaphysiques auxquels Porta, son commentateur, qui admettait ce qu'il appelle l'immatérialité de la lumière, opposa aussi de très-mauvais arguments. Galilée paraît être le premier, parmi les modernes, qui ait cherché à déterminer cette vitesse par expérience. Dans le premier des dialogues *delle Scienze nuove*, il fait énoncer par Salviati, un des trois interlocuteurs, les épreuves très-ingénieuses qu'il avait employées, et qu'il croyait propres à résoudre la question. Deux observateurs, avec deux lumières, avaient été placés à près d'un mille (1,650 mètres) de distance : l'un deux, à un instant quelconque, éteignait sa lumière ; le second couvrait la sienne aussitôt qu'il ne voyait plus l'autre. Mais, comme le premier observateur voyait disparaître la seconde lumière au même moment qu'il cachait la sienne, Galilée en conclut que la lumière se transmet dans un instant indivisible à une distance double de celle qui séparait les deux observateurs. Des expériences analogues que firent les membres de l'Académie *del Cimento*, mais pour des distances trois fois plus considérables, conduisirent à un résultat identique.

Les preuves semblent, au premier aspect, bien mesquines, lorsqu'on songe à la grandeur de leur objet; mais on les juge avec moins de sévérité quand on se rappelle que, à peu près à la même époque, des hommes tels que lord Bacon, dont le mérite est si généralement apprécié, croyaient que la vitesse de la lumière pouvait, comme celle du son, être sensiblement altérée par la force et la direction du vent.

Descartes, dont le système sur la lumière a tant d'analogie avec celui qu'on désigne par le nom de système des ondulations, croyait que la lumière se transmet instantanément à toute distance; il appuie, d'ailleurs, cette opinion d'une preuve tirée de l'observation des éclipses de lune. Il faut convenir que son raisonnement, très-ingénieux, prouve, sinon que la vitesse de la lumière est infinie, du moins qu'elle est plus considérable que toutes celles que l'on pouvait se flatter de déterminer par des expériences directes faites sur la terre à la manière de Galilée.

Les fréquentes éclipses du premier satellite de Jupiter, dont la découverte suivit de près celle des lunettes, fournirent à Rœmer la première démonstration qu'on ait eue du mouvement successif de la lumière.

En traçant l'histoire du progrès des connaissances humaines, dit le docteur Lardner, on a souvent l'occasion de constater, non sans surprise, non sans un sentiment d'humilité profonde, le rôle important que joue le hasard dans l'avancement des sciences. Souvent, en cherchant avec le zèle le plus ardent des choses qui, trouvées, n'auraient aucune conséquence et ne seraient que bagatelles pures, on met la main sur d'inestimables trésors. La fréquence du fait imprime dans l'esprit cette idée qu'il existe un pouvoir, une force, — secrètement, mais sans cesse en action, — qui veut que la science et l'intelligence humaine soient constamment en progrès, en marche. Il en est en physique comme en morale. Dans notre ignorance, et semblables à ce quadrupède dont parle le fabuliste, lequel, voyant dans l'eau l'ombre de sa proie, lâcha celle-ci pour courir après celle-là, nous nous mettons en quête de futilités :

> Chacun se trompe ici-bas :
> On voit courir après l'ombre
> Tant de fous, qu'on n'en sait pas,
> La plupart du temps, le nombre.
>
> (La Fontaine, liv. VI, fable 17.)

Mais, plus heureux que l'animal dont il s'agit,

souvent l'ombre que nous cherchions se transforme en une riche proie. On peut dire que la puissance qui gouverne le progrès connaît mieux que nous nos besoins, sait mieux que nous ce qu'il nous faut, et nous accorde, au lieu de ce que nous demandions, ce que nous eussions dû demander. On en trouvera la preuve sensible dans l'histoire de la découverte du mouvement de la lumière.

Peu de temps après l'invention du télescope et la découverte des satellites de Jupiter, qui en fut la conséquence, Rœmer, célèbre astronome danois, s'engagea dans une série d'observations dont l'objet était la découverte du temps exact de la révolution d'un de ces satellites autour de sa planète. Le procédé de Rœmer consistait à observer les éclipses successives du satellite, et à noter l'intervalle qui s'écoulait entre chacune d'elles.

Or il arriva que le temps de l'intervalle des deux éclipses — qui était, je suppose, de 45 heures, — se trouva allongé de 8, 13, 16 minutes pendant la demi-année que la terre s'éloignait de Jupiter, et raccourci de quantités analogues pendant la demi-année qu'elle s'en rapprochait.

Rœmer eut une idée heureuse : il soupçonna de suite que le moment où l'on remarque la disparition du satellite par son entrée dans l'ombre n'est pas toujours le moment réel où le fait a lieu, mais qu'il a lieu quelquefois plus tard, c'est-à-dire après un intervalle de temps assez considérable pour que la lumière qui a quitté le satellite immédiatement après sa disparition puisse gagner l'œil de l'observateur. Dès lors il devint évident que plus la terre est éloignée du satellite, plus est long l'intervalle du temps entre la disparition du satellite et l'arrivée sur la terre de la dernière portion de lumière abandonnée par lui; mais que le moment de la disparition du satellite est celui du commencement de l'éclipse, et le moment où arrive à la terre la dernière portion de lumière, celui où le commencement de l'éclipse est observé.

C'est ainsi que Rœmer expliqua la différence d'entre le temps calculé et le temps observé des éclipses; il vit, de plus, qu'il était sur la voie d'une grande découverte. En un mot, il vit que la lumière se propage dans l'espace avec une vitesse certaine, définie, et que les faits dont il a été parlé fournissaient précisément les moyens de mesurer cette vitesse.

On a dit que l'éclipse du satellite est retardée d'une seconde par chaque 77,000 lieues, dont s'accroît la distance de la Terre à Jupiter. La raison de ce phénomène est que la lumière met une seconde à franchir cet espace. Il s'ensuit, évidemment, que la vitesse de translation de la lumière est, en nombres ronds, de 77,000 lieues par seconde.

Il est bon de rappeler que, dans n'importe quel système d'ondulations ou vibrations, à travers n'importe quel milieu elles se propagent, leur mouvement n'est que de forme, non de matière. Les ondes qui se propagent autour d'un centre, quand on lance un caillou dans une eau tranquille, paraissent à l'œil comme si l'eau qui formait l'onde se mouvait réellement hors du centre des ondulations. Mais il n'en est pas ainsi. Aucune particule du fluide n'a de mouvement progressif quelconque; on en peut fournir un grand nombre de preuves. Si l'on place à la surface de l'eau un corps flottant, il ne sera pas emporté par les ondes; si l'on donne naissance à des ondes, en imprimant un mouvement particulier à une feuille ou à un linge, elles auront la même apparence de mouvement progressif que plus haut, quoique la feuille ou le linge n'ait évidemment aucun autre mouvement que celui de bas en haut que forment les ondulations apparentes. Les ondes de la mer semblent à l'œil douées d'un mouvement progressif. Un instant de réflexion, cependant, sur les conséquences d'un tel mouvement nous convaincra qu'il n'a pas de réalité. Le vaisseau qui flotte sur les ondes (les vagues) n'est pas emporté avec elles; elles passent au-dessous de lui, tantôt le portant sur leur crête, tantôt le laissant retomber dans les abîmes qui les séparent. Observez un fou ou un argonaute flottant sur l'eau, et le même effet se produira. Cependant, si l'eau elle-même partageait le mouvement de ses ondes, le vaisseau, le fou et l'argonaute seraient emportés dans la direction de ce mouvement. Une fois au sommet d'une vague, ils y resteraient continuellement, et leur mouvement serait aussi égal que s'ils étaient portés sur la surface tranquille d'un lac.

Rappelons-nous donc que, quand la lumière se répand à travers l'espace avec une vitesse de 77,000 lieues par seconde, ce n'est point une substance matérielle qui a réellement cette vitesse de mouvement; elle n'appartient qu'à la forme de pulsations ou ondulations. La même observation s'applique exactement à la transmission des ondes sonores à travers l'air.

Ainsi, nous admettons pacifiquement la théorie des ondulations contre celle de l'émission. Je dis *pacifiquement*, car ce contraste entre les deux hypothèses me rappelle une anecdocte assez piquante, due, hélas! à un homme monstrueux que la terre n'aurait jamais dû porter, et que la main d'une martyre a eu la gloire de terrasser au milieu de sa puissance. Marat se présenta un jour, au rapport de Robertson, dans l'appartement du physicien Charles, pour lui exposer des vues contraires à celles que Newton a émises dans ses ouvrages d'optique, et pour lui proposer quelques objections sur certains phénomènes électriques. Charles, ne partageant aucune de ses opinions, entreprit de lui en démontrer les erreurs. Mais voici qu'au lieu de discuter pacifiquement l'hypothèse. Marat oppose l'emportement à la raison; chaque argument nouveau et irrésistible augmente son irritation; tout à coup sa colère franchit toutes les bornes; il tire une petite épée dont il était toujours armé, fond sur son adversaire, qui, sans armes, emploie l'adresse pour se défendre, et, grâce à une force musculaire bien supérieure à celle de son ennemi, le terrasse, se rend maître de son épée et la brise à l'instant. Soit la honte d'être doublement vaincu, soit plutôt l'effet de la violence qui avait pu le porter à de tels excès, Marat perdit connaissance; Charles appela aussitôt, fit transporter Marat dans son domicile, prit des témoins de l'événement, et il ne résulta de ce fait singulier aucune information judiciaire.

On étonnerait bien des personnes et on fâcherait sans doute bien des Marats si on leur soutenait qu'avec de la lumière on peut faire de l'obscurité, de même qu'avec du bruit on peut arriver à faire du silence et du froid avec de la chaleur. Ceci est un paradoxe assez hardi, mais moins bizarre, en apparence, que celui d'Anaxagore, philosophe grec, qui affirmait que la neige était noire. Cependant, comme je crois que tous mes lecteurs ne sont pas d'un caractère aussi emporté que le fougueux tribun, je vais leur confier ce petit secret nommé, en science, théorie des interférences.

Je ne dis pas que je vais les inviter à l'effectuer, car ici, comme en beaucoup de choses, la théorie est plus facile que la pratique; mais voici en quoi il consiste et comment il fut, en effet, accompli par plusieurs physiciens.

Nous dirigeons un faisceau de lumière électrique sur la muraille de notre laboratoire; rien n'est si vif, si éblouissant que la réflexion de cette lumière. Or, je prétends qu'en envoyant un nouveau jet de lumière sur celui-ci, il est possible de restreindre, loin d'accroître son intensité. Et en effet, en dirigeant le faisceau convenable, voici qu'avec un surcroît de lumière nous venons de produire les ténèbres.

On comprendra ce phénomène si l'on se reporte aux pages précédentes, et si l'on envisage un instant la lumière comme n'étant autre chose que le mouvement ondulatoire de la matière éthérée, mouvement analogue à celui de la pièce d'eau que nous avons prise pour comparaison. Si nous combattons cette série d'ondulations par une nouvelle série d'intensité pareille, mais correspondant inversement aux premières, de telle sorte, par exemple, qu'aux ondulations montantes de l'un correspondent exactement les ondulations descendantes de l'autre, ce que l'un fera l'autre le renversera, et notre pièce d'eau théorique se trouvera ainsi rigoureusement plane. Deux mouvements en sens inverse se détruisent, et l'obscurité naît de ce combat de deux lumières.

Ce fait fut observé pour la première fois par Grimaldi, en 1665. Thomas Young, le premier, en donna l'explication, et Fresnel en tira un parti fécond au commencement de notre siècle. Inconciliable avec la théorie de l'émission, il illustra brillamment celle des ondulations.

C'est d'après le même principe que deux sons combinés peuvent produire du silence, et que l'on peut faire du froid avec de la chaleur.

II

LE SPECTRE SOLAIRE

La blanche lumière que l'astre du jour répand sur la nature est la source originaire de toutes les couleurs brillantes ou sombres dont les œuvres de cette nature sont décorées. C'est aux rayons du soleil que nous devons à la fois la blancheur du lis et l'écarlate du coquelicot, la nuance timide de la violette et l'éclat orgueilleux des plumes du paon, la verdure des prairies et l'or des riches sillons. Car cette lumière renferme dans son sein toutes les nuances et toutes les couleurs.

Si vous vous étonniez de cette remarque et si vous trouviez surprenant que j'exalte ainsi cette faculté de l'astre du jour, je vous inviterais à songer qu'il y a dans l'univers céleste bien des soleils, vastes et importants comme le nôtre, foyers et centres comme lui d'un grand nombre de terres habitées, mais qui ne jouissent pas comme le nôtre de la même puissance illuminatrice. Ils sont loin d'être blancs. Les uns sont verts comme l'émeraude, d'autres bleus comme le saphir, d'autres possèdent les nuances du rubis, de la topaze. sur les mondes qui gravitent autour d'eux on ne connaît pas l'immense variété de couleurs dont le nôtre est embelli, et, sur plusieurs d'entre eux, on ne connaît qu'une seule coloration dominante. Il est donc juste que nous profitions de cette connaissance des autres mondes pour mieux apprécier la valeur relative de celui que nous habitons.

Nous disions que la lumière du soleil qui nous éclaire est la source de toutes les nuances dont le vêtement de la terre se pare aux saisons successives. Voici par quelle observation Newton découvrit cette vérité.

Une petite ouverture circulaire est percée dans l'un des volets de votre cabinet de travail. (Je suppose que vous avez eu l'hygiénique idée de choisir pour ce cabinet une pièce exposée au midi, ou tout au moins au soleil.) Un faisceau de lumière arrive par cette petite ouverture, devant laquelle, à quelques centimètres de distance, nous avons eu soin de placer un prisme. Ce faisceau ne traverse pas le prisme comme il le ferait d'une lame de verre horizontale, mais en vertu des lois de la réfraction dont nous avons parlé ; au lieu d'aboutir au plancher, il est dévié et vient aboutir à la muraille devant laquelle on peut placer un écran pour le recevoir, de plus, il se *décompose* en une bande colorée, illuminée des belles couleurs de l'arc-en-ciel, dont les tons et l'éclat sont d'une richesse merveilleuse. Cette image, longue et étroite, et qui constitue l'une des plus brillantes expériences de l'optique, est ce qu'on nomme le *spectre solaire* (fig. 5).

A quelle cause devons-nous la formation de ces couleurs? Examinons d'abord leur position. A partir du haut, nous observons qu'elles se succèdent dans l'ordre suivant : *violet*, *indigo*, *bleu*, *vert*, *jaune*, *orangé*, *rouge*. C'est un vers alexandrin facile à retenir, et il est fort agréable que les couleurs du spectre se soient rangées dans cet ordre, comme les signes du zodiaque chez les Latins, alignés dans leur position naturelle sur deux vers corrects. Le rouge est en bas. Il a donc été moins réfracté que les autres nuances. Le violet est en haut : il est donc plus réfrangible que ses confrères. La cause de la séparation des couleurs constitutives de la lumière n'est donc autre que leur diversité de caractère. C'étaient autant de sources parfaitement unies, tant qu'une main étrangère n'est pas venue l'inviter à passer par un chemin inconnu. Ce passage leur a révélé soudain leur individualité personnelle, et voilà qu'au delà elles restent complétement séparées. Il serait fort à désirer que, dans les familles humaines, ces sortes de divergences n'aient pas d'autre résultat que de montrer la beauté particulière de chacun des membres.

Chacune de ces sept couleurs est simple et indécomposable. On le démontre en faisant passer l'une quelconque d'entre elles à travers un nouveau prisme ; elle demeure intégralement la même. C'est cette observation incontestée qui me faisait dire tout à l'heure que, sur les mondes illuminés par des soleils colorés, on ne connaît sans doute que les nuances comprises dans cette coloration même (fig. 6).

De même que l'on peut séparer par un prisme les couleurs constitutives de la lumière, de même on peut les réunir de nouveau en les faisant passer à travers un autre prisme de même angle réfringent que le premier et tourné en sens contraire. Le faisceau émergent de ce second prisme est incolore, comme celui qui tombait sur le premier (fig. 7).

Une seconde expérience, plus facile à réaliser, c'est de recevoir la ligne spectrale sur une lentille biconvexe assez grande, derrière laquelle on place un petit écran de verre dépoli ou de carton. En avançant ou en reculant un peu cet écran, on trouve facilement le point où tous les rayons viennent concourir, c'est-à-dire le foyer : là, l'image

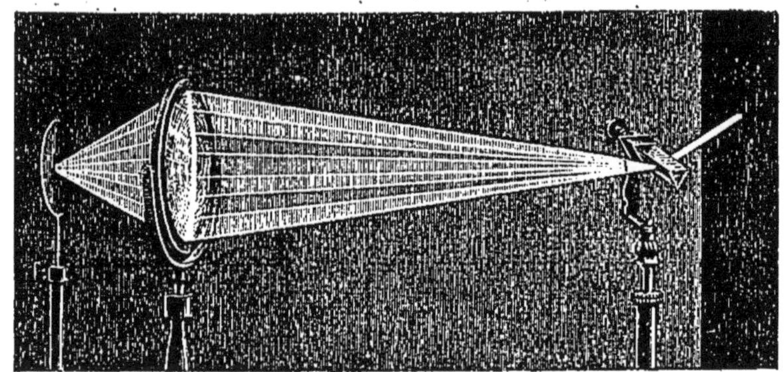

Fig. 8. — Recomposition de la lumière.

est d'une éclatante blancheur, ce qui démontre que la réunion de sept lumières décomposées reproduit la lumière blanche.

Au lieu de se servir d'une lentille, on peut en-

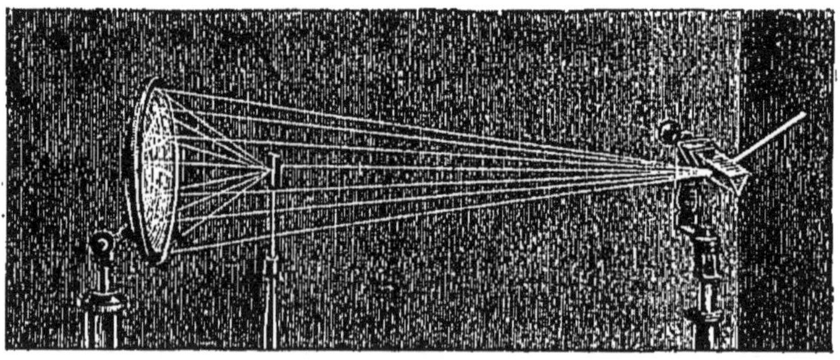

Fig. 9. — Recomposition de la lumière à l'aide d'un miroir concave.

core, si l'on veut, se servir d'un miroir concave devant lequel on place un écran de verre dépoli ou de carton. Les rayons colorés réfléchis par ce miroir viennent se réunir en avant, à son foyer, et produisent un cercle blanc dont le résultat démonstratif est le même que celui de l'expérience précédente.

Une quatrième expérience, plus difficile à réaliser, mais plus curieuse encore, consiste à recevoir chacune des sept couleurs respectivement sur sept petits miroirs de verre, à faces bien pa-

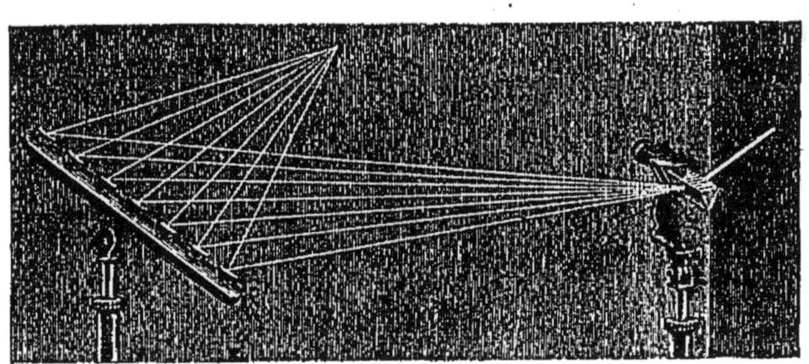

Fig. 10. — Recomposition de la lumière à l'aide de sept miroirs recevant chacun une couleur du spectre.

rallèles et pouvant s'incliner dans tous les sens de manière à ce que les images qu'ils réfléchissent chacun puissent être amenées à coïncider. En dirigeant avec intelligence ces petits miroirs sur le même point, on observe que chacune des sept images colorées vient se fondre dans les autres par la superposition, et que lorsque toutes coïncident l'image résultante est un cercle blanc.

Signalons enfin une cinquième expérience, celle du disque de Newton. Sur un disque de carton bordé d'un filet noir et également marqué au centre d'un cercle noir, on colle les unes à côté des autres, et dans le sens des rayons, sept bandes étroites de papier colorées chacune d'une couleur du spectre. Plusieurs spctres solaires, cinq par exemple, emplissent ainsi le disque. Or, si l'on fait rapidement tourner ce cercle coloré, les couleurs disparaissent devant l'œil, et bientôt le cercle devient entièrement blanc. Cette recomposition n'est pas tout à fait de même nature que dans les expériences précédentes. En réalité, et très-évidemment ce ne sont pas les couleurs elles-mêmes qui se combinent, mais bien les impressions successives que chacune d'elles forme sur la rétine. Nous avons vu que ces impressions restent environ un dixième de seconde. Il suffit donc que le mouvement du disque atteigne cette vitesse pour produire en nous les résultats énoncés.

Il suit de ces expériences que la coloration dont les corps sont revêtus ne doit pas être envisagée comme leur appartenant en propre, mais seulement comme une apparence résultant de leur réflexion. Les feuilles des plantes, par exemple, ne sont pas vertes par elles-mêmes, mais en recevant la lumière blanche, leur surface est agencée de telle façon qu'elle réfléchit plutôt cette partie de la lumière et absorbe plutôt les autres. Ces mêmes feuilles grandissant dans l'obscurité ne verdiraient pas et resteraient incolores. Placées dans la couleur rouge du spectre elles paraîtraient rouges, dans la bande bleue elles seraient bleues ; et en général tout objet placé dans l'un quelconque des points

Fig. 11 — Disque de Newton

du spectre paraît coloré comme ce point. Sans craindre d'abuser du paradoxe, nous avons pu presque dire que les corps sont précisément, de la couleur qu'ils ne sont pas. Et au surplus, la couleur n'est qu'une apparence, et nulle n'est inhérente à la substance essentielle des corps.

Nous avons déjà parlé des couleurs complémentaires : ce sont celles qui, par leur mélange, forment le blanc. Le bleu est complémentaire de l'orangé, le rouge du vert, le violet du jaune. Mais ce n'est pas sur la palette qu'il faut opérer pour obtenir cette recomposition, car dans ce cas l'agencement moléculaire des couleurs matérielles s'oppose à cette combinaison précise : on se sert pour cela des couleurs mêmes du spectre et des lentilles biconvexes.

Quelles que soient les bonnes raisons alléguées plus haut en faveur de la distinction fondamentale des sept couleurs, tous les physiciens ne l'ont pas admise. Les plus réservés n'en comptent que trois : le rouge, le jaune et le bleu. Leur opinion se base sur cette observation que, dans toutes les parties du spectre il y a du rouge, du jaune et du bleu, ce qui conduirait à admettre que notre spectre solaire est une trinité des trois spectres rouge, jaune et bleu superposés, dont le maximum d'intensité correspondrait en des points différents.

J'ai dit que chaque couleur est indécomposable et qu'il y a des mondes qui sont éclairés par une seule de ces couleurs au lieu d'être enrichis de la variété qui décore les productions terrestres. On peut se faire une idée de ces effets par une expérience qui, malgré sa simplicité, n'en est pas moins extrêmement surprenante. On peut en effet parvenir à éclairer un appartement par une lumière homogène. Si cette lumière est jaune, par exemple, quelles que soient la nature et la couleur artificielle des corps sur lesquels elle sera projetée, ils réfléchiront nécessairement ce ton jaune, puisque aucune autre clarté ne tombera sur eux, et ceux qui ne seront pas susceptibles de réfléchir le jaune paraîtront noirs, quels que soient, d'ailleurs, l'éclat et la nature de leur couleur à la lumière du jour.

On a construit des lampes monochromatiques, produisant de la lumière jaune à l'aide du gaz d'huile comprimé et d'un collier de coton imprégné de sel ou recevant une solution de sel par une fontaine capillaire. L'expérience que nous indique Brewster est vraiment curieuse : « Faites le spectacle, dit-il, dans une chambre garnie de couleurs brillantes avec des peintures à l'huile ou à la détrempe sur le mur. La compagnie, témoin de l'expérience, doit être habillée des couleurs les plus claires; et des fleurs du coloris le plus éclatant doivent être placées sur les tables. La chambre étant éclairée avec la lumière ordinaire, toute la beauté des nuances claires se déploiera. Puis, en supprimant la lumière blanche et la remplaçant par la lumière jaune, une métamorphose complète aura lieu. Les spectateurs étonnés ne se reconnaîtront plus les uns les autres. Toute la garniture de l'appartement et tous les objets qui s'y trouvent s'y montreront d'une seule couleur. Les fleurs perdront leurs couleurs, les peintures et les gravures paraîtront exécutées à l'encre de Chine; les habits des nuances les plus gaies, le pourpre éclatant, le lilas pur, le bleu le plus riche, le vert le plus vif, se convertiront uniformément en jaune monotone. Un changement semblable s'opérera sur tout, une pâleur jaune, livide se développera sur tous les visages jeunes et vieux, et ceux qui sont naturellement de cette teinte échapperont seuls à la métamorphose. Chacun rira de l'apparence cadavéreuse de son voisin, sans se douter qu'il prête à rire aux autres de la même manière.

« Si, dans l'étonnement causé par ce spectacle, on remet la lumière blanche à l'un des bouts de la chambre, en laissant toujours la lumière jaune à l'autre bout, la partie des vêtements de chaque personne, du côté de la lumière blanche, reprendra sa couleur, et l'autre restera dans la teinte jaune. L'une des joues reprendra la couleur animée de la vie, tandis que l'autre conservera la pâleur de la mort, et dès que l'on changera de position, il s'ensuivra la transformation de couleur la plus étonnante.

« Si, quand toutes ces lumières sont jaunes, on

transmet des rayons de lumière blanche à travers des trous semblables à ceux d'un tamis, chaque tache lumineuse rendra la couleur de l'habit ou de la garniture sur laquelle elle arrive, et la famille jaune nankin sera tachetée de couleurs variées. Si l'on emploie une lanterne magique pour jeter sur les murs d'un appartement et sur les vêtements de la compagnie qui s'y trouve rassemblée, des figures lumineuses de fleurs ou d'animaux, les habits se peindront de ces figures dans la teinte de l'habit lui-même. Il n'y aura que les nuances jaunâtres naturellement, qui échapperont à ces singuliers changements. »

III

CAUSE PHYSIQUE DES COULEURS

Les couleurs du spectre sont pour le sens de la vue ce que les tons de la gamme sont pour le sens de l'ouïe D'un côté, ce sont les différences de longueurs de l'onde sonore qui constituent le ton ; d'un autre côté, ce sont les differences de longueurs de l'onde lumineuse qui constituent les couleurs. Nous allons tout à l'heure connaître ces longueurs de vibrations ainsi que leur rapidité ; mais il nous interessera de rappeler auparavant la première expérience faite sur cet objet par Newton lui-même.

Vous n'êtes pas sans avoir observé quelquefois ces légères et éphemères bulles de savon, que le souffle d'un enfant fait naître et s'envoler dans l'espace. Cette modeste sphère, si légère et si delicate ne vous a pas semblé digne de l'attention d'un penseur et encore moins de l'examen attentif d'un savant. Cependant, à vous dire vrai, c'est en examinant ces frêles constructions que Newton songea à faire sur les couleurs une expérience concluante, de même que c'est, en voyant tomber une pomme qu'il assimila l'attraction universelle à la pesanteur terrestre.

Tous les corps diaphanes, les solides, les liquides comme les gaz, se colorent de nuances vives lorsqu'ils sont réduits en lames extrêmement minces. C'est là un fait général, dont la bulle de

Fig. 12. — Anneaux de Newton, couleurs des lames minces.

savon n'est qu'un cas particulier. Les couleurs sont d'autant plus brillantes que l'épaisseur est moindre et vous avez pu remarquer en effet, que plus on souffle la bulle et plus elle est magnifique et que les couleurs se disposent en zones concentriques horizontales autour du sommet. Soucieux de constater la relation qui existe entre l'épaisseur de la lame mince, la couleur des anneaux et leur étendue, Newton produisit ceux-ci entre deux verres, l'un plat, l'autre convexe.

Les verres étant disposés, on fit tomber sur la surface plane un rayon d'une couleur particulière, — soit le rouge. — Le résultat fut qu'une tache noire se produisit au centre, point de contact, qu'un premier cercle rouge entourait cette tache ronde, qu'un cercle noir environna le cercle rouge, et qu'une série de cercles rouges et obscurs se succédèrent.

Calculant l'épaisseur de la couche d'air comprise entre la lame et la lentille, Newton trouva que pour les anneaux obscurs ces épaisseurs sont entre elles comme la suite des nombres pairs : 0, 2, 4, 6,... et que pour les anneaux brillants ces mêmes épaisseurs varient comme la suite des nombres impairs : 1, 3, 5, 7. Quoique abusé par sa théorie corpusculaire, à laquelle il applique cet exemple, Newton n'en démontra pas moins que, si l'on admet la théorie des ondulations, ces effets correspondent à l'amplitude des ondes lumineuses. L'espace entre la surface de verre, au premier anneau rouge, marque l'amplitude d'une seule onde; l'espace au second cercle rouge, l'amplitude de deux ondes, et ainsi de suite. De sorte qu'en définitive pour mesurer l'amplitude des ondes lumineuses, il suffit de calculer la distance entre les verres au premier anneau rouge.

Cette expérience fut appliquée à l'observation de toutes les ondes. Lorsque leur lumière, dit le docteur Lardner, était amenée sur le verre, il se produisait un pareil système de rayons lumineux; mais il fut trouvé toujours que le premier anneau s'ouvrait dans son diamètre, selon la couleur de la lumière, et, par suite que l'amplitude des ondes lumineuses de couleurs différentes est différente elle-même. On remarqua que les ondes de la lumière rouge étaient les plus étendues, celles de la lumière orange ensuite, puis celles de la jaune, de la verte, de la bleue, de la lumière indigo et de la violette; les ondes de la lumière suivante semblèrent, en un mot, moins grandes que celles de la lumière précédente. Mais ce qu'il y eut de plus merveilleux dans cette expérience célèbre, ce fut la petitesse des ondes qu'on étudiait. Les ondes de la lumière rouge étaient si petites que 40,000 d'entre elles eussent pu tenir dans un pouce; et celles de la lumière violette, formant l'autre extrême de la série, étaient plus petites encore, au point qu'un pouce en eût pu contenir 60,000. Quant aux ondes lumineuses des autres couleurs, elles avaient des grandeurs intermédiaires.

Ainsi fut découverte la cause physique de l'éclat et la variété des couleurs; ainsi se révéla la singulière et mystérieuse parenté de la couleur et du son. Les rayons lumineux ont des teintes différentes, suivant la grandeur des pulsations qui les produisent, de même que les sons musicaux varient leur ton selon la grandeur des pulsations ou vibrations dont ils sont le résultat.

Ce n'est pas tout. La parenté entre le son et la lumière ne se borne pas à cela. On n'a parlé que de l'amplitude des ondes lumineuses, et montré seulement qu'elle détermine les teintes des couleurs. Mais que dire des altitudes ou hauteurs des ondes? Ici encore se trouve un autre rapport entre l'œil et l'oreille. De même que l'altitude des ondes sonores détermine la force des sons, ainsi l'altitude des ondes lumineuses détermine l'intensité ou l'éclat de la couleur.

La perception du son est produite par le tympan de l'oreille, tympan qui vibre sympathiquement et en accord avec les pulsations de l'air, auxquelles donne lieu le corps sonore, de même : la perception de la lumière et de la couleur est produite par des pulsations pareilles de la membrane de l'œil, membrane qui vibre en accord avec les pulsations éthérées émises de l'objet visible. Comme lorsqu'il s'agit de l'oreille, la rigueur de l'investigation scientifique exige qu'on évalue la pulsation du tympan correspondante à chaque note particulière, de même lorsqu'il s'agit de la lumière, on a à compter les vibrations de la rétine correspondantes à chaque teinte. Les calculs ont été faits. Regardons un objet quelconque, une étoile rouge par exemple. De l'étoile à l'œil s'échappe une ligne continue d'ondes lumineuses; ces ondes entrent dans la pupille et se peignent sur la rétine; pour chaque onde qui frappe ainsi la rétine, il y aura une pulsation particulière, séparée, de cette membrane. Le nombre de pulsations qu'elle reçoit ou qu'elle fournit par seconde peut être connu, si l'on détermine le chiffre des ondes lumineuses qui pénètrent dans l'œil par seconde.

On a vu précédemment que la vitesse de la lumière est d'environ 77,000 lieues par seconde; il suit de là qu'une longueur de rayon égale à 77,000 lieues doit entrer dans la pupille par seconde. Par suite, le nombre de fois que la rétine vibrera par seconde sera égal au nombre d'ondes lumineuses contenues dans un rayon long de 77,000 lieues.

Le tableau suivant a été construit d'après les calculs des physiciens. Il présente les grandeurs des ondes lumineuses de chaque couleur, et le nombre d'ondulations qui frappent l'œil par seconde.

COULEURS.	LONGUEUR MOYENNE DES ONDULATIONS EN MILLIONIÈMES DE MILLIMÈTRE.	NOMBRE DES ONDULATIONS PAR SECONDE.
Extrême rouge. . .	0.000.644	458.000.000.000.000
Rouge.	0.000.620	477.000.000 000.000
Orangé..	0.000.583	506.000.000.000.000
Jaune.	0.000.551	535.000.000.000.000
Vert..	0.000.512	577.000.000.000.000
Bleu..	0.000.475	622.000.000.000.000
Indigo..	0.000.449	658.000.000.000 000
Violet.	0.000.423	699.000.000.000.000
Extrême violet. . .	0.000.400	727.000.000.000.000

Quelque théorie qu'on adopte pour expliquer les phénomènes de la lumière, on arrive à des conclusions qui frappent l'esprit d'étonnement. Dans la théorie corpusculaire, on suppose que les molécules de lumière sont douées d'une force attractive et d'une force répulsive, qu'elles ont des pôles pour se balancer autour de leurs centres de gravité, et qu'elles possèdent d'autres propriétés physiques qu'on ne peut accorder qu'à la matière pondérable. En partant de ces propriétés, il est difficile de se dépouiller de l'idée de grandeur sensible, ou de concevoir dans un élan de l'imagination que les particules auxquelles elles appartiennent puissent être aussi prodigieusement petites que le sont évidemment celles de la lumière. Si une molécule de lumière pesait un simple grain, elle produirait, à raison de l'immense vitesse avec laquelle elle se meut, un effet égal à celui d'un boulet de canon de 67^{k}950, lancé avec une vitesse de 300 mètres par seconde. Quelle doit donc être leur infinie petitesse, puisque des trillions de molécules, rassemblées par des lentilles ou des miroirs n'ont jamais produit le plus minime effet sur les instruments les plus délicats construits expressément dans le but de rendre leur réalité sensible!

Si la théorie corpusculaire nous étonne par l'extrême petitesse et la prodigieuse rapidité des molécules lumineuses, les résultats numériques déduits de la théorie ondulatoire ne sont pas moins écrasants. L'extrême petitesse de l'amplitude des vibrations, la vitesse presque inconcevable, mais mesurable toutefois, avec laquelle elles se succèdent l'une à l'autre, ont été calculées par le docteur Young et présentées dans le tableau qui précède.

Ainsi les couleurs ne sont qu'une difference de vitesse sur la marche des rayons lumineux, comme l'écrivait Tyndall dans son Rapport sur l'analogie du son ou la lumière. Lss vibrations qui produisent l'impression de rouge sont plus lentes, et les ondes éthérées qu'elles engendrent plus longues que celles qui produisent l'impression de violet, les autres couleurs sont excitées par des ondes de longueurs intermédiaires. Les longueurs d'ondes du son et de la lumière, les nombres de pulsations qu'elles impriment respectivement aux oreilles et aux yeux, ont été exactement déterminés. Entrons ici dans un calcul simple. La lumière parcourt l'espace avec une vitesse de 308,000 kilomètres par seconde. Réduisant ce nombre en centimètres, nous trouvons le nombre de 30,800,000,000. Maintenant on a trouvé que 16,666 ondes de lumière rouge placées à la suite les unes des autres feraient un centimètre, multipliant le nombre de centimètres que contiennent

300,000 kilom. par 16,666, nous trouvons le nombre d'ondes de lumière rouge contenues dans 306,030 kilomètres. Ce nombre est 496,774,193,548,548. *Toutes ces ondes entrent dans l'œil en une seconde.* Pour produire l'impression de rouge sur le cerveau, la rétine doit être frappée avec cette vitesse vraiment incroyable. Pour produire l'impression de violet, le nombre de pulsations doit nécessairement être beaucoup plus grand encore. Il faut 57,500 ondes de violet pour remplir un pouce, et 699 millions de millions de chocs par seconde pour donner la sensation de cette couleur. Les autres couleurs du spectre, ainsi que nous l'avons déjà dit, montent graduellement du ton du rouge au violet.

IV

INTENSITÉ LUMINEUSE ET CALORIFIQUE
PROPRIÉTÉS CHIMIQUES ET MAGNÉTIQUES DES DIFFÉRENTES PARTIES DU SPECTRE

Aux yeux d'un conquérant, ou même d'un simple capitaine d'artillerie, le spectre solaire serait une véritable armée rangée en bataille. Au centre sont disposés les bataillons d'attaque ou de défense, ceux qui s'offrent carrément à l'ennemi, en un mot le gros de l'armée. A l'aile gauche, dissimulée et invisible, se tient l'artillerie, à l'aile droite, la cavalerie légère. C'est bien là le déploiement en bataille de l'élément solaire, depuis les troupes lourdes et aveugles du calorique jusqu'aux flèches rapides de l'action chimique.

Voici, en effet, d'après notre correspondant Brewster, l'analyse des forces réunies dans un rayon de soleil.

Avant Fraunhoefer, la force de clarté des différentes parties du spectre n'avait été obtenue que par approximation. A l'aide d'un *photomètre*, il obtint les résultats suivants.

Le maximum de clarté se trouve être situé de telle sorte que DM est près du tiers ou du quart de DE, et ainsi cet endroit est à la séparation du jaune et de l'orangé. Appelant 100 la clarté en M, où elle est à son maximum, la clarté des autres points est ainsi qu'il suit :

Clarté à l'extrémité rouge.	0,00
à B.	3,20
à C.	9,40
à D.	65,00
Maximum de clarté à M.	100,00
Clarté à E.	48,00
à F.	47,00
à G.	3,10
à H.	0,56
à l'extrémité violette.	0,00

Nommant 100 l'intensité de la lumière dans l'espace le plus brillant DE, Fraunhoefer trouva que la lumière avait l'intensité suivante dans les autres endroits :

Intensité de la lumière à BC.	2,10
à CD.	29,90
à DE	100,00
à EF.	22,80
à FG.	18,50
à GH.	3,50

Il suit de ces résultats que, dans le spectre examiné par Fraunhoefer, le rayon le plus lumineux est plus près du rouge que du violet, dans la proportion de 1 à 3,50 ; et que la clarté moyenne est presque au milieu du *bleu*. Comme cependant, dans les circonstances ordinaires, on ne voit pas une grande partie à l'extrémité violette du spectre, ces résultats ne peuvent s'appliquer à des spectres produits dans de tels cas.

Relativement à la force de calorique du spectre, les savants avaient toujours supposé que la force de calorique des spectres était proportionnelle à la quantité de lumière, et Landriani, Rochon, et Sennehier avaient trouvé que le *jaune* était le plus chaud des espaces colorés. Cependant John Herschel prouva, par une série d'expériences, que la force de calorique augmentait graduellement de l'extrémité violette à l'extrémité rouge du spectre. Il trouva aussi que le thermomètre continuait à monter lorsqu'il était placé au delà de l'extrémité rouge du spectre, où l'on ne pouvait apercevoir un seul rayon de lumière.

Il en déduisait la conclusion importante, *qu'il y avait dans la lumière solaire des rayons invisibles qui produisaient de la chaleur, et qui avaient un moindre degré de réfrangibilité que la lumière rouge.* Sir John Herschel désirait s'assurer de la réfrangibilité de l'extrême rayon invisible qui possédait la propriété de donner de la chaleur; mais il trouva que cela était impraticable, et il se contenta d'avoir calculé que même à un point éloigné de 1 pouce 1/2 (38 millimètres) de l'extrémité rouge, les rayons invisibles avaient une chaleur considérable, quand même le thermomètre était à 52 pouces (1,325 millimètres) du prisme.

Ces résultats furent confirmés par sir Henry Englefield, qui obtint les mesures suivantes :

COULEURS	TEMPÉRATURE
Bleu	56
Vert	58
Jaune	62
Rouge	72
Au delà du rouge	79

Lorsque le thermomètre placé hors du rouge, était replacé dedans, il retombait à 72°.

Berard obtint des résultats analogues, mais il trouva que le maximum de chaleur était à l'extrémité même des rayons rouges, lorsqu'ils couvraient entièrement la boule du thermomètre, et qu'au delà du rouge, la chaleur n'était que d'un cinquième au dessus de celle de l'air ambiant.

Sir Humphry Davy attribue les résultats de Bérard à ce qu'il s'était servi de thermomètres trop grands et à boules circulaires, et il répéta cette expérience en Italie et à Genève avec des thermomètres très-minces, et seulement d'un 1/2 pouce

(2 millimètres) de diamètre, avec des boules très-longues, remplies d'air retenu par un fluide coloré. Le résultat de ces expériences confirma ceux de John Herschel.

Passons maintenant à l'influence chimique du spectre. Il y a longtemps, le célèbre Scheele remarqua que le *muriate* (*hydrochlorate*) *d'argent* était noirci par le *violet* beaucoup plus que par toute autre couleur du spectre. En 1801, Ritter de Gênes, en répétant les expériences du docteur Herschel, trouva que le muriate d'argent devenait en très-peu de temps noir, *hors de l'extrémité violette* du spectre. Il noircissait moins dans le violet, moins encore dans le *bleu*, et noircissait de moins en moins jusqu'à l'extrémité rouge. Lorsqu'on prenait du muriate d'argent un peu noirci, sa couleur lui était presque rendue lorsqu'il était dans le rouge, et encore plus dans les rayons invisibles hors du rouge. Il en conclut que dans le spectre solaire, il y avait deux sortes de rayons invisibles, un du côté rouge, qui favorise l'oxygénation, l'autre du côté du violet, qui favorise la désoxygénation Ritter trouva aussi que le phosphore exhalait des fumées blanches dans le rouge invisible, et que dans le violet invisible, le phosphore dans un état d'oxygénation était éteint à l'instant.

En répétant l'expérience avec du muriate d'argent, Lubeck trouva que sa couleur variait suivant l'espace coloré où il se trouvait. En dedans et en dehors du *violet*, il était *brun rougeâtre;* dans le *bleu*, il était *bleu* ou *gris bleuâtre;* dans le *jaune*, *blanc* pur ou légèrement taché de *jaune;* et *rouge* en dedans et en dehors du *rouge*. Dans les prismes de flint-glass, le muriate d'argent était coloré hors des limites du spectre.

Sans savoir ce que Ritter avait fait, le docteur Wollaston obtint les mêmes résultats de l'action de la lumière violette sur le muriate d'argent. En continuant ses expériences, il découvrit quelques effets chimiques de la lumière sur la *gomme de gaiac.*

L'influence magnétique des rayons solaires est moins évidemment déterminée. Il y a plus de cinquante ans, le docteur Marichini annonça que les rayons violets du spectre solaire avaient le pouvoir de magnétiser des aiguilles d'acier, entièrement privées de magnétisme. Il produisait cet effet en rassemblant les rayons violets dans le foyer d'une lentille convexe, et portant le foyer de ces rayons du milieu de la moitié de l'aiguille aux deux extrémités de cette moitié, sans toucher à l'autre moitié. Après avoir continué cette opération pendant une heure, l'aiguille avait une polarité parfaite.

L'expérience du docteur Marichini fut remise en évidence par quelques expériences ingénieuses de Somerville. Ayant couvert de papier la moitié d'une aiguille à coudre, de près d'un pouce (25 millimètres) de longueur, et privée de magnétisme, il exposa l'autre moitié découverte aux rayons violets, et l'aiguille se trouva magnétisée au bout de deux heures, le bout exposé étant le pôle du nord. Les rayons indigo produisaient presque le même effet, et les bleus et les verts dans un moindre degré Lorsque l'aiguille était exposée aux rayons calorifiques jaunes, orangés, rouges, ou au delà du rouge, elle ne recevait aucun magnétisme quoiqu'elle y fût exposée même pendant trois jours. Des morceaux de ressort de pendule et de montre donnaient des résultats semblables, et lorsque les rayons violets étaient concentrés avec une lentille, les aiguilles et les ressorts étaient magnétisés plus vite.

Baumgartner, de Vienne, Christie, de Woolwich, continuèrent les mêmes expériences. Ce dernier trouva que lorsqu une aiguille aimantée ou une aiguille de cuivre ou de verre vibrait par la force de torsion à la lumière blanche du soleil, l'arc de vibration diminuait plus promptement au soleil que dans l'ombre. L'effet était plus grand sur l'aiguille aimantée. Il en conclut que les rayons solaires possèdent une influence magnétique très-sensible.

Ces résultats ont été pleinement confirmés par

les expériences de Barlocci et Zantedeschi. Le professeur Barlocci trouva qu'un aimant armé naturel, qui pouvait porter une livre romaine et demie (0^k, 495), avait presque doublé de force par une exposition de 24 heures à la forte lumière du soleil. L'abbé Zantedeschi trouva qu'un fer à cheval aimanté, qui portait 13 onces 1/2 (0^k,376), portait 2 fois 1/2 plus par son exposition de 3 en 3 jours, et portait enfin 31 onces (0^k, 852), restant à la lumière.

Quoique ces résultats semblent décisifs en faveur de la force magnétique de la lumière blanche et violette, une série d'expériences plus récentes ont jeté quelque doute sur les observations des savants que nous venons de citer.

Voici ce que nous devons surtout mettre en évidence : c'est la continuité du spectre réel en deçà comme au delà des couleurs visibles. Ce spectre visible marque simplement, dit Tyndall, un intervalle d'action rayonnante, dans lequel les radiations sont dans un tel rapport avec notre organisation, qu'elles excitent en nous l'impression de lumière; au delà de cet intervalle, *dans les deux directions*, à droite et à gauche, le pouvoir rayonnant continue à s'exercer, mais les rayons émis sont obscurs; ceux qui partent d'au delà du rouge sont aptes à produire de la chaleur, tandis que ceux qui partent d'au delà du violet sont aptes à provoquer l'action chimique. Ces derniers rayons peuvent être rendus actuellement visibles, ou, pour m'exprimer plus exactement, les ondulations ou les ondes qui, en dehors du violet, n'excitent pas la sensation de la vision, peuvent être amenées à venir se briser contre un autre corps, et à le faire participer à leur mouvement, de manière à convertir l'espace obscur au delà du violet en un espace brillamment illuminé. «J'ai ici le corps apte à opérer cette métamorphose, disait le professeur. La moitié inférieure de cette feuille de papier a été mouillée avec une solution de sulfate de quinine, tandis que la moitié supérieure est restée dans son état naturel. Je vais tenir la feuille de telle sorte que la ligne qui sépare sa moitié préparée de la moitié non préparée, soit horizontale, et coupe le spectre en deux parties égales; la moitié supérieure restera inaltérée, et vous pourrez lui comparer la moitié inférieure, sur laquelle j'espère trouver le spectre visible prolongé au delà de ses limites premières. Voyez l'effet produit : une bande splendide de lumière fluorescente s'étend sur une longueur de plusieurs centimètres, là où un moment auparavant tout était ténèbres. Je retire le papier préparé, et la lumière disparaît. Je le remets en place, et la lumière brille de nouveau, nous montrant de la manière la plus éclatante que les limites visibles du spectre ordinaire ne sont en aucune manière les limites de l'action rayonnante.

« Je plonge mon pinceau dans la solution de sulfate de quinine, et je le passe sur le papier ; partout où la solution tombe, la lumière surgit. L'existence de ces rayons ultra ou extra-violets est connue depuis longtemps ; ils étaient familiers à Thomas Young, qui les a soumis à des expériences réelles ; mais c'est à M. le professeur Stokes que nous sommes redevables de recherches complètes sur ce sujet. C'est lui qui a rendu visibles ces rayons invisibles, comme nous venons de le faire.

« Comment arriver à concevoir ces rayons visibles et invisibles qui couvrent ce large espace sur l'écran ? Pourquoi quelques-uns sont-ils visibles, tandis que d'autres ne le sont pas ? Pourquoi ceux qui sont visibles se distinguent-ils par des couleurs diverses ? Y a-t-il quelque chose que nous puissions savoir dans les ondulations qui produisent les couleurs, et à quoi, comme à une cause physique, nous devions attribuer la couleur ? Remarquez-le d'abord : ce faisceau entier de lumière blanche est rejeté de côté ou réfracté par le prisme, mais le violet est plus rejeté que l'indigo, l'indigo plus que le bleu, le bleu plus que le vert, le vert plus que le jaune, le jaune plus que l'orangé, et l'orangé plus que le rouge. Ces couleurs sont diversement réfrangibles, et c'est de l'inégale réfrangibilité que dépend la possibilité de leur séparation. A chaque degré particulier de réfraction appartient une couleur déterminée et non pas une autre. Mais comment une lumière d'un certain degré de réfrangibilité peut-elle produire la sensation du rouge, et celle d'un autre degré la sensation du vert? Ceci nous conduit à considérer de plus près la cause de ces sensations. »

Les chapitres suivants termineront cette discussion sur les différentes couleurs du spectre et les lois de la lumière.

V

RÉFLEXION DE LA LUMIÈRE. MIROIRS

Lorsqu'un rayon de lumière tombe obliquement sur une surface polie (miroir, eau, métal bruni, ou tout autre objet réfléchissant), ce rayon, semblable à une balle élastique, est renvoyé sur une direction correspondante à celle sous laquelle il est tombé. De plus, cette direction et la première sont dans un même plan, perpendiculaire à la surface. C'est ce qui s'exprime par les deux lois suivantes :

1° Les angles d'incidence et de réflexion sont égaux ;

2° La réflexion n'a lieu que dans une seule direction, telle que le rayon incident et le rayon réfléchi sont dans un plan perpendiculaire à la surface réfléchissante.

La figure suivante représente la démonstration expérimentale de ce fait.

Un rayon AB tombant obliquement sur le miroir horizontal est réfléchi sous la même obliquité, en BC. On peut s'en assurer géométriquement en plaçant un cercle gradué vertical dans le plan ABC : on reconnaît que l'angle ABD, fourni par le rayon

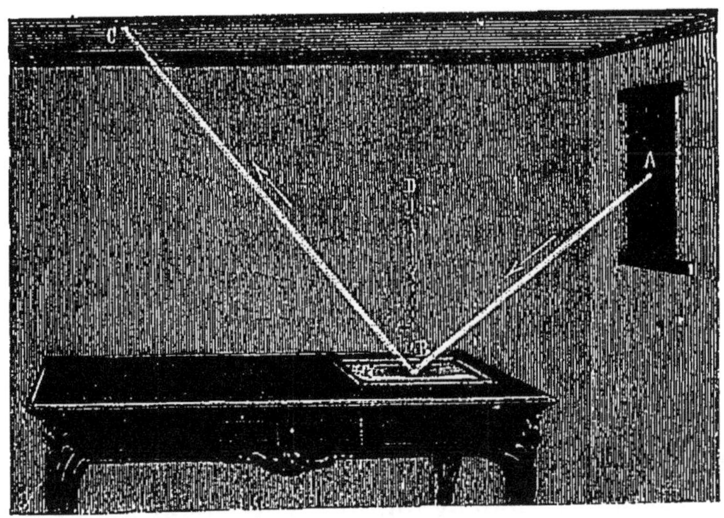

Fig. 15. — Lois de la réflexion de la lumière.

AB (nommé incident) avec la perpendiculaire DB (nommée normale) est égal à l'angle fourni par cette normale et le rayon réfléchi BC. On constate de même que ces trois lignes sont dans le même plan vertical.

Voyons maintenant ce qui se passe dans la réflexion sur les miroirs.

Remarquons d'abord un fait singulier, que nous éprouvons à chaque instant sans nous rendre compte de sa singularité. Nous nous imaginons ingénument voir toujours les objets là où ils sont en réalité, et il semble que malgré tout ce que nous avons dit plus haut sur les erreurs de la vue, nous tenons encore le témoignage de ce sens comme excellent et irrécusable. Cependant, en réalité, nous ne voyons les objets où ils sont que dans certaines conditions bien restreintes. Si par un

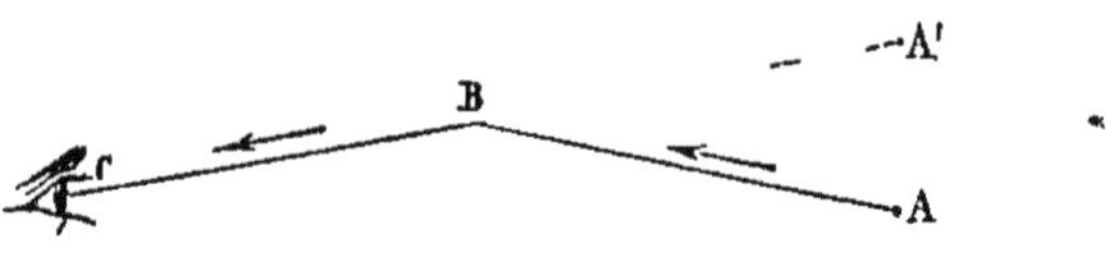

Fig 14 — Refraction

effet de réflexion, de réfraction ou toute autre cause, ces rayons sont déviés de leur route, ce n'est plus dans le lieu même où il se trouve que nous voyons ce corps, mais dans la direction qu'a le faisceau lumineux au moment où il pénètre dans notre œil. Par exemple, si le rayon AB s'incline dans sa marche au point B et nous arrive dans la direction BC, c'est en A′ et non en A que nous verrons le point. Or cette déviation est plus générale qu'on ne pense. Tout rayon de lumière qui passe d'un milieu d'une certaine densité à un milieu d'une densité différente, est dévié de sa direction première, ou, en termes techniques, réfracté. Les observations que nous avons faites dans un chapitre précédent sur la déviation des rayons en pénétrant dans le prisme sont fondées sur ce principe. Un rayon de lumière partant de l'air dans l'eau subit la déviation indiquée par cette figure.

Fig. 15. — Preuve expérimentale de la réfraction.

La lumière des astres en arrivant dans l'atmosphère terrestre subit une déviation analogue et lorsque nous voyons se lever le soleil, la lune ou une étoile, ils ne le sont pas encore en réalité et se trouvent encore sous l'horizon. Ainsi nos yeux nous trompent ici comme précédemment, et voici l'application de ce principe aux images qui paraissent se former derrière les miroirs, mais qui, en réalité, ne s'y forment point.

Il y a deux sortes de miroirs, les miroirs plans et les miroirs courbes. Nous nous occuperons d'abord du premier genre, c'est-à-dire de ceux dont la surface est plane, ce sont les plus employés dans les usages ordinaires de la vie.

Soit, par exemple, cette glace de chambre de toilette, et cette dame plus ou moins jolie qui s'y regarde. Chacun des points qui constituent la surface du vêtement de cette personne se réfléchit sur la couche métallique, sur le *tain* appliqué sur le verre (car on sait que, dans ces miroirs, ce n'est pas le verre lui-même qui réfléchit, mais bien l'amalgame d'étain dont sa face postérieure est enduite). Les rayons partis des différents points dont je parle arrivent sur la glace, s'y arrêtent, et sont réfléchis dans un angle égal à l'angle d'incidence. L'image vue par l'œil est fournie par l'ensemble de tous ces rayons réfléchis. Mais comme nous voyons toujours les objets dans la direction que suivent les rayons lumineux à l'instant où ils nous parviennent, il s'ensuit que l'œil qui reçoit le rayon réfléchi croit voir le point d'où il est issu au lieu où va concourir la direction de ce rayon. Par exemple, le rayon parti du pied gauche de la jeune fille va se réfléchir au point marqué sur la figure, mais l'œil ne s'arrête pas à ce point et voit le pied à égale distance au delà du miroir ; et

Fig. 16. — Expérimentation des miroirs plans.

de cette première illusion résulte cette seconde : que l'image est symétrique, qu'un point quelconque de cette image est identiquement disposé derrière la glace de la même manière que l'est en avant le point correspondant de l'objet, de sorte que le pied gauche correspond au pied droit, la main droite à la main gauche, ainsi de suite. — C'est à cause de cette symétrie que dans les premiers portraits chimiques, ceux des glaces daguerriennes, la bague que l'on portait à la main droite se trouvait passée à la main gauche, ce qui modifiait un peu son symbole.

Pour bien définir que les images formées par les miroirs plans n'existent pas réellement et qu'elles ne sont qu'une illusion de l'œil, la physique leur a consacré le nom de *virtuelles*, par opposition aux images *réelles* dont nous parlerons plus loin.

On voit que la réflexion des objets dans une glace verticale ou oblique est un phénomène identique à la réflexion par les corps translucides, comme les pièces d'eau, les rivières, les étangs, qui paraissent former au-dessous de leur surface horizontale une image renversée des objets environnants. Lorsque nous disons une image renversée, c'est symétrique que nous devons dire. On a pu remarquer que dans un miroir de verre il y a généralement deux images réfléchies, l'une très-nette et très-vive, la principale, par le tain; l'autre très-faible, par la surface même du verre. Le moyen le plus simple de constater ce fait et de mettre le doigt ou d'appuyer la pointe d'un crayon sur la glace : il y a précisément entre les deux images l'épaisseur de cette glace. L'eau, comme le verre, malgré sa grande transparence, agit semblablement pour la réflexion. Les images symétriques des objets avoisinants se reproduisent sous sa surface.

Fig. 17. — Réflexion à la surface de l'eau.

Les observations précédentes se rattachent toutes aux miroirs plans. Mais il y a une autre espèce de miroirs, dont les effets sont moins ordinaires et plus curieux que les précédents : ce sont les *miroirs courbes*.

Comme il y a plusieurs espèces de courbes possibles, depuis le cercle jusqu'à l'ellipse, tandis qu'il n'y a qu'un seul genre de surfaces planes, il y a de même plusieurs espèces de miroirs courbes. Nous allons parler de ceux dont la courbure est celle d'une sphère, et qui sont désignés pour cela sous le nom de miroirs sphériques.

Les miroirs sphériques peuvent être encore ou concaves ou convexes, selon qu'ils sont bombés en dedans ou en dehors. Par exemple, un verre de montre bombé, enduit intérieurement d'une couche de tain et vu en dessus est un miroir convexe; le même verre, étamé extérieurement et vu en dedans, est un miroir concave.

Parlons d'abord des miroirs *concaves*.

Supposons que l'arc MN (*fig.* 18) soit mobile autour du point O et puisse tourner verticalement autour de la ligne horizontale OL prise pour axe; cette révolution engendrera la surface du miroir. Le centre C de la sphère creuse dont le miroir fait partie s'appelle le *centre de courbure;* le point O est le *centre de figure;* la ligne OL est *l'axe principal* du miroir. Enfin tous les rayons parallèles RB, AD, etc., qui viennent frapper le miroir concave, sont réfléchis en un même point F. Ce point se nomme le *foyer principal*. Ce foyer est à égale distance du centre C et du miroir.

Si nous retenons bien ces quelques définitions

indispensables, nous comprendrons sans la moindre difficulté l'action de ces miroirs.

Pour se figurer la réflexion en un même point F de tous les rayons qui tombent sur la surface concave de ce miroir, nous pouvons nous représenter celui-ci comme étant formé, non d'une seule surface unie, mais d'une multitude de facettes planes infiniment petites, toutes également inclinées entre elles de manière à former par leur réunion une surface sphérique régulière. En nous repré-

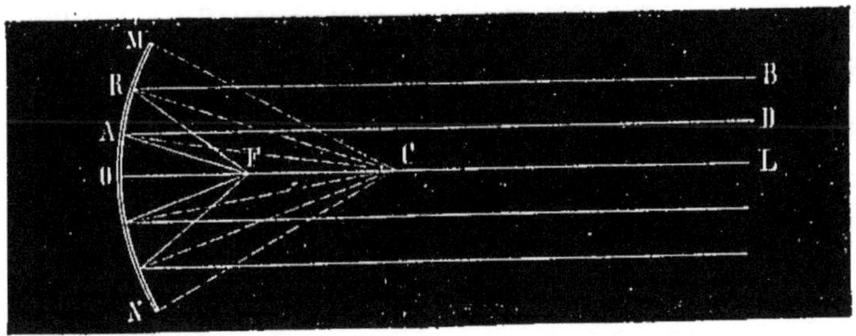

Fig. 18. — Miroir concave (théorie).

sentant le miroir sous cet aspect analysateur, nous verrons immédiatement qu'en vertu de l'inclinaison de chacune de ces petites facettes, les rayons qu'elles recevaient concourent au même point; et l'on prouve géométriquement que dans le cas où les rayons incidents sont parallèles, ce point est précisément au milieu de la ligne OC.

Si donc on reçoit sur un miroir concave un faisceau de lumière solaire, comme le soleil est assez éloigné de nous pour que les rayons qu'il nous envoie soient parallèles, il s'ensuit que ces rayons réfléchis aboutiront tous au foyer principal du miroir et que si l'on place un objet quelconque en ce point, il sera illuminé d'une lumière très-éclatante. — La chaleur se conduisant d'après les mêmes lois que la lumière, c'est en plaçant les substances combustibles en ce point qu'on les enflamme.

Nous avons dit que les choses se passent ainsi dans le cas où les rayons incidents sont parallèles. Si la source lumineuse est à une faible distance, les rayons qu'elle enverra au miroir seront divergents et non parallèles. Il suit de là que leur réflexion ne sera pas identiquement la même, puisque la lumière suit ici les mêmes lois dont nous avons parlé p. 139? Le point où viendront concourir les rayons réfléchis sera un peu plus éloigné du miroir et un peu plus rapproché du centre : au lieu d'arriver en F, ils arriveront en *f* (fig. 19). Ce point est encore un foyer, mais ce n'est plus le foyer principal ; on lui donne le nom de *foyer conjugué*, parce qu'il est lié à la distance de la source lumineuse, et qu'il varie selon la position de cette source.

Aussi, tandis qu'il n'y a qu'une seule position pour le foyer principal, il y en a au contraire une infinité pour le foyer conjugué. Si, dans la figure précédente, nous éloignons la bougie du miroir, le foyer *f* se rapproche de F ; si au contraire nous la rapprochons, il s'en éloigne.

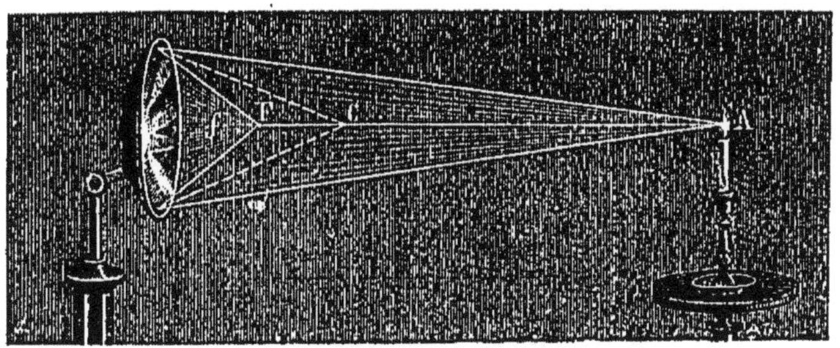

Fig. 19. — Foyer conjugué.

Si maintenant, à force de rapprocher la bougie du miroir, nous arrivons à dépasser le foyer principal F et à placer la lumière entre ce foyer et le miroir, les rayons réfléchis, devenus parallèles

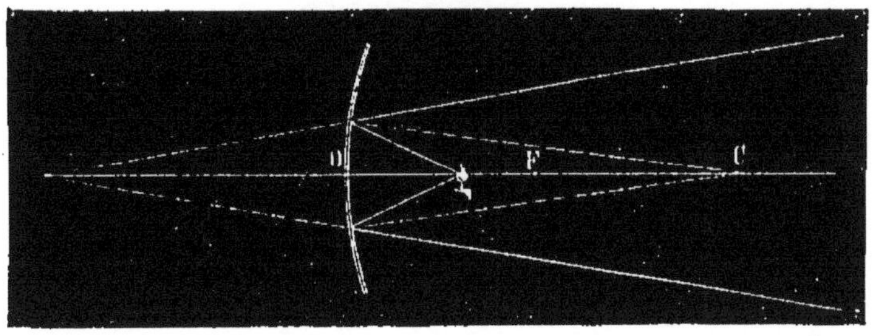

Fig. 20. — Foyer virtuel.

quand la bougie a passé au point F, deviennent divergents lorsqu'elle le dépasse, et ne peuvent par conséquent produire aucun foyer en avant du miroir. Ils se conduisent comme l'indique la figure 20.

Mais de même que dans les miroirs plans nous avons observé que l'œil croyait voir l'image dans la direction où les rayons réfléchis paraissent aboutir en arrière de la glace, de même ici l'œil croit voir l'objet derrière le miroir concave. On

Fig. 21. — Miroir concave.

nomme ce point le *foyer virtuel*, dans le même sens que la désignation donnée pour le miroir plan.

Au lieu d'une bougie, si nous plaçons une tête entre le foyer principal et le miroir, on éprouvera l'effet représenté sur la figure 21.

On se rendra compte de cet agrandissement

prodigieux en arrière du miroir, si l'on se donne la peine de suivre la marche d'un rayon. Les rayons partis du front, du point *a*, par exemple, se réfléchissent au point *o*, et reviennent à l'œil après cette réflexion comme s'ils étaient partis du point A où va concourir leur prolongement. Les rayons partis du centre se réfléchissent sur *o'* et reviennent à l'œil comme s'ils arrivaient du point B.

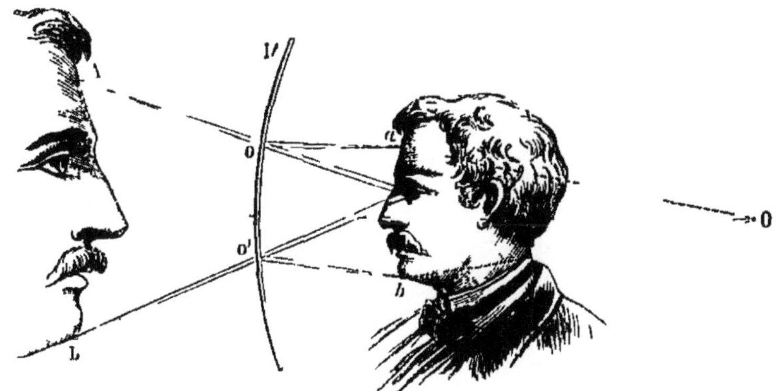

Fig. 22. — Théorie de l'image virtuelle dans les miroirs concaves.

Pour le même motif que celui qui précède, cette image droite et amplifiée se nomme *image virtuelle.*

Ajoutons enfin, pour terminer ce qui concerne les miroirs concaves, que si, au lieu de se placer entre le foyer principal et le miroir, on se place au delà du centre, on obtiendra non plus une image droite et amplifiée, mais une image renversée et beaucoup plus petite. Cette image-ci n'est plus illusoire comme la précédente, mais *réelle*, et on peut la recevoir sur un écran. Suivez, par exemple, dans la figure 23 la marche des rayons lumineux qui partent du clocher et de la terrasse, se réfléchissent sur le miroir concave,

Fig. 23. — Renversement des images par le miroir concave.

viennent se croiser au centre de courbure et forment une petite image renversée, et vous saisirez facilement la formation de cette image réelle.

Les miroirs *convexes* ont un jeu opposé. On a

vu que leur surface de réflexion est leur partie bombée. Comme le centre de courbure est intérieur, il ne peut y avoir qu'un foyer virtuel situé entre ce centre et la surface. Il n'y a par conséquent qu'une image virtuelle, située de l'autre côté du miroir et plus petite que l'objet. On peut voir par là que la formation de cette image est l'inverse de la formation des images virtuelles dans les miroirs concaves.

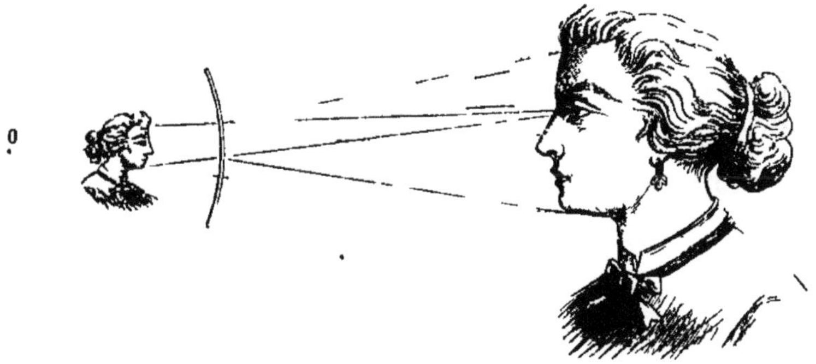

Fig. 24 — Image virtuelle dans les miroirs convexes.

Les jeunes filles aiment assez les miroirs convexes, qui leur réfléchissent une mignonne figure dont les traits principaux, la bouche, les dents, sont d'une délicatesse et d'une finesse bien désirées.

VI

MIROIRS ARDENTS MÉTALLIQUES

(Archimède — Villette — Buffon — Robertson — Kircher)

On se souvient que du haut des murs de Syracuse, sa ville natale, Archimède brûla la flotte de Marcellus. Malgré le témoignage des historiens de l'antiquité, le procédé de catoptrique, dont le savant syracusain dut se servir pour ce fait mémorable, est perdu pour nous, et plusieurs parmi les modernes ont révoqué en doute l'authenticité même du fait. Les propriétés que nous avons mises en évidence dans le chapitre précédent, sur l'effet des miroirs concaves, peuvent cependant aider à comprendre ce procédé, et peuvent même en rendre compte en opérant sur une échelle assez large. Au lieu d'un seul miroir courbe, on peut en disposer une série, distribués suivant une même courbure, et mobiles autour d'un axe, de façon à pouvoir être tous dirigés sur un même point et à varier la position du foyer, suivant l'inclinaison générale qu'on leur donne. Pour expliquer la réflexion des rayons incidents sur la surface des miroirs concaves, nous avons supposé qu'ils étaient formés d'un nombre considérable de petits miroirs plans inclinés sur une même courbure. Ici cette supposition est réalisée, et les miroirs comburants, destinés à agir à distance, sont formés de plusieurs séries concentriques de miroirs plans. Nous avons dit également que la réflexion calorifique s'accomplit suivant les mêmes lois que la réflexion lumineuse. En dirigeant donc la réflexion des rayons solaires sur un même foyer, on aura en ce point le maximum de la chaleur réfléchie, comme on a le maximum de la lumière.

Les modernes ont souvent fait croire par leur manière d'agir qu'ils ne voulaient laisser aux anciens que ce qu'ils ne peuvent leur enlever. L'antiquité était sans doute plus instruite que nous ne le pensons. Descartes écrivit un petit traité de catoptrique, pour démontrer que l'histoire des miroirs d'Archimède n'était qu'une pure invention, quoi qu'en aient écrit les Latins, Dion, et même les savants commentateurs du douzième siècle, Zonaros et Tzetzès (le premier rapporte même qu'au siége de Constantinople, sous l'empire d'Anastase, l'an 514 après J. C., Proclus brûla avec des miroirs d'airain la flotte de Vitalien) ; l'opinion de Descartes prévalut sur les témoignages antérieurs. Buffon voulut en savoir le fin mot, et construisit lui-même, après de longues expériences sur la réflexion, une série de miroirs. Son premier mémoire, intitulé : « Invention des miroirs pour brûler à une grande distance, » fut publié dans le volume de l'Académie des sciences de 1747. Quelques années plus tard, il combattit théoriquement et pratiquement le jugement de Descartes, dans un mémoire où il exposa un grand nombre d'expériences.

Je vais bientôt parler de ces curieuses expériences de comburation à distance. Mais pour ne pas être injuste à l'égard des prédécesseurs de Buffon, il faut au moins traduire ici un passage du P. Kircher qui expérimenta lui-même, longuement et patiemment, 128 ans avant le savant naturaliste, et qui avait déjà tenté de répéter Archimède.

« Plus un miroir droit a de surface, dit ce savant père (qui, comme Huygens et antérieurement à lui, voyagea dans les autres mondes), plus il réfléchit de lumière sur le plan qu'on lui oppose. N'a-t-il qu'un pied de surface? il n'enverra qu'un pied de lumière sur la muraille ; encore faut-il qu'elle soit auprès. L'expérience nous apprend que cette lumière est composée d'une infinité de rayons réfléchis par les différents points de la surface du miroir. Dirigez donc un second miroir plan vers le même endroit que le premier, la lumière et la chaleur seront doubles ; elles seraient triples si vous dirigiez de la même manière un troisième miroir plan, et ainsi de suite à l'infini. Pour prouver que l'intensité de la lumière et de la chaleur est en raison directe des surfaces réfléchissantes, j'ai pris cinq miroirs ; je les ai exposés au soleil, et j'ai éprouvé que la lumière réfléchie par le premier me donnait moins de chaleur que la lumière directe du soleil. Avec deux miroirs la chaleur augmentait considérablement ; trois miroirs me donnaient la chaleur du feu : quatre me donnaient une chaleur à peine supportable. J'ai donc conclu qu'en multipliant les miroirs plans, non-seulement j'aurais de plus grands effets que ceux que l'on obtient au foyer des miroirs paraboliques, hyperboliques et elliptiques, mais que j'aurais ces effets à une plus grande distance ; cinq miroirs me les ont donnés à 100 pieds. Quels phénomènes terribles n'aurait-on pas si on employait 1,000 miroirs ! » Puis il conjure les mathématiciens de tenter cette terrible expérience avec les plus grands soins.

Après Kircher, il faut citer comme expérimentateur le physicien Villette, qui construisit pour plusieurs souverains, et notamment pour Louis XIV, des miroirs imitant celui d'Archimède.

Voici en quels termes le *Journal des Savants*, de 1679, parle de son principal miroir ardent métallique, et d'un incident d'ignorance fantastique assez singulier :

« C'est le quatrième et le plus achevé des miroirs ardents qui sont sortis des mains de M. Villette. Le premier qu'il fit fut acheté par M. Tavernier, et présenté au roi de Perse, qui le garde encore comme une des plus rares et des plus précieuses curiosités qu'il ait. Le second fut vendu au roi de Danemark, qui le fit acheter à Lyon, et M. Villette eut l'honneur de présenter le troisième au roi, duquel, après les expériences surprenantes qu'il en fit, il reçut les éloges et la récompense qui étaient dus à son mérite et à son travail.

« Il avait trente-quatre pouces de diamètre . il vitrifiait en un moment les briques et les cailloux, de quelque qualité qu'ils pussent être; il consumait en un instant les bois les plus verts, et les réduisait en cendres ; il fondait de même en un instant toutes sortes de métaux. Quelque dur que soit l'acier, il ne lui résistait pas mieux que les autres, et il fondait de telle manière qu'une partie coulait et que l'autre se résolvait en étincelles, qui formaient des étoiles irrégulières de la largeur d'une pièce de trente sols, mais si pénétrantes, que rien ne peut exprimer l'activité et la violence de ce feu.

« Le dernier est encore plus actif, plus grand, plus net et plus beau. Il a quarante-trois pouces de diamètre, trois pouces et une ligne de concavité ; son point brûlant, ou son *focus*, est éloigné de la glace de trois pieds et sept pouces. Il est de la largeur d'une pièce de cinq sols ou d'un sol marqué, et c'est là où se fait la réunion et l'assemblage de tous les rayons du soleil, et où paraissent les admirables effets du feu le plus violent et le plus actif du monde, si bien que la lumière, en cet endroit, est si brillante, que les yeux ne peuvent non plus la supporter que celle du soleil.

« Outre la propriété de brûler, qui surprend en ce miroir, on y remarque encore diverses représentations curieuses.

« Il renvoie les espèces et les images de quinze pieds de distance, et davantage, si bien qu'un homme, se voyant dans ce miroir, un bâton ou l'épée à la main, cette main paraît si bien hors du miroir que, s'il fait semblant de porter un coup à l'endroit de la face contre l'image de l'un de ceux qui le regardent, il ne peut s'empêcher d'être ébloui et effrayé en même temps[1].

Suivant que le miroir est situé, et que les objets

[1] Villette raconte que Louis XIV, s'étant placé, l'épée à la main devant un miroir, et à quelques pas de distance, pour en bien voir l'effet, fut surpris de se trouver vis-à-vis d'un bras qui dirigeait une épée contre lui ; on lui dit d'avancer brusque-

sont présents, les images paraissent si diversement, qu'on les voit droites, petites, grosses, et quelquefois d'une grosseur et d'une hauteur si excessivement monstrueuse, que l'on en est surpris.

« Dans sa partie convexe, il diminue les mêmes images, et les racourcit à un tel point, qu'elles semblent être à un très-grand éloignement, mais fort distinctes, et propres à divertir la vue par une agréable et surprenante perspective.

« Si l'on met le miroir sur la partie horizontale, les objets, et particulièrement les têtes de ceux qui s'y regardent, paraissent si effroyables qu'elles font peur, n'ayant pas moins, en apparence, de quatre ou cinq pieds de hauteur ou de longueur; et si au point de confusion on oppose un objet éloigné d'environ six à dix pieds, on voit sortir au dehors l'image de cet objet comme suspendue en l'air.

« Que si l'on présente de nuit, justement au point de ce miroir, un flambeau allumé, toute la face du miroir paraît en même temps allumée comme la lune, lorsque, dans son plein, elle commence à se lever, et il renvoie une si grande lumière à l'opposite que dans la nuit la plus obscure l'on peut lire de plus de cinq cents pas.

ment : aussitôt son adversaire parut s'élancer sur lui ; le roi manifesta un mouvement d'effroi, et fut si honteux qu'il fit emporter le miroir. (*Voir* au chap. des *Récréations*.)

« Il y a plusieurs autres choses rares à observer, et plusieurs autres expériences curieuses à faire, mais, dit le journal, je serais trop long à les rapporter. »

J'ai dit plus haut que ce miroir avait donné lieu à un acte de superstition assez bizarre. C'est Robertson qui le raconte comme s'étant passé à Liége. On ne s'en étonnera pas en comparant les effets qui viennent d'être décrits, à la portée des esprits de cette époque, surtout dans les dernières classes, et dans une ville où Rome apostolique se trouvait peut-être plus encore que dans Rome même. Qu'il me suffise de dire que dans son enceinte on comptait alors jusqu'à cent cinquante églises ou couvents pour une population de cinquante mille âmes. Il arriva, pendant que le miroir de Villette était à Liége, que l'arrière-saison fut très-pluvieuse et qu'on se trouva fort embarrassé de faire la moisson, conséquemment le prix du pain vint à hausser. Quelques malveillants, et longtemps on a dit que ce fut là un tour des jésuites, qui voulaient en devenir propriétaires, répandirent le bruit que si les pluies étaient continuelles, il ne fallait s'en prendre qu'au miroir; qu'il était la cause unique du mauvais temps et de la cherté du pain. Cette idée prit tellement de consistance parmi le peuple qu'il se forma bientôt un grand attroupement d'où partaient toutes sortes de malédictions contre le miroir et l'inventeur, et qui, s'animant par degré, se porta devant la maison de M. Villette pour briser son œuvre, et lui faire à lui-même un mauvais parti. Heureusement la ville de Liége avait alors à sa tête un prélat éclairé. On dissipa les attroupements par la force, mais il fut moins facile de détruire la conviction : elle s'affermissait de plus en plus, et tellement, que le prince-évêque Joseph-Clément se crut obligé de recourir à l'efficacité d'un mandement, pièce constituant un fait assez curieux dans les annales de la superstition pour être mise sous les yeux du lecteur; voici en quels termes il était conçu :

« Joseph-Clément, par la grâce de Dieu, archevêque de Cologne, prince-électeur du saint-empire romain, archichancelier pour l'Italie et du saint-siége apostolique, légat né, évêque et prince de Liége, de Ratisbonne et de Hildesheim, administrateur de Bergtesyade, duc des deux Bavières, du haut Palatinat, Westphalie, Enguin et Bouillon, comte palatin du Rhin, landgrave de Leuchtenberg, marquis de Fanchimont, comte de Looz, Horne, etc., etc., etc.

« A tous ceux qui ces présentes verront, salut. Nous ayant été très-humblement remontré qu'il se serait répandu un bruit dans notre ville de Liége et aux environs, que le nommé Nicolas

François Villette, résidant depuis quinze à dix-huit ans dans notre dite ville, attirerait par son miroir ardent les pluies dont, non-seulement notre pays, mais encore les circonvoisins, sont châtiés pour leurs péchés, nous nous sommes trouvé obligé, par le soin que nous devons avoir de notre troupeau, de déclarer, comme par cette *déclarons*, que c'est une erreur semée par des ignorants ou malintentionnés, ou même par l'esprit de malice, qui, détournant, par ce moyen, notre peuple de l'idée et de l'assurance que c'est pour ses péchés qu'il est châtié, lui fait attribuer à un miroir le châtiment de Dieu... C'est pourquoi nous déclarons que ce miroir ne produit et ne peut produire que des effets purement naturels et très-curieux, et que de croire qu'il attirerait ou produirait les pluies, et ainsi lui attribuer le pouvoir d'ouvrir ou de fermer le ciel, ce qui n'appartient qu'à Dieu, serait une très-blâmable superstition. Partant nous ordonnons à tous les curés et prédicateurs dans notre diocèse, où telle erreur peut s'être glissée, d'en désabuser, autant qu'il est en eux, le peuple.

« Dans notre consistoire de Liége, sous la signature de l'administration de notre vicariat général *in spiritualibus*, et sous notre scel accoutumé, ce 22 août 1715.

« L. F, *évêque de Thermopole.* »

En 1747, le comte de Buffon donna en public les expériences les plus surprenantes qu'on eût vues jusqu'alors. Elles se firent au Jardin des Plantes, dont il était directeur ; quelques-unes sont vraiment dignes d'être rapportées.

Le 3 avril, à quatre heures du soir, le miroir étant monté et posé sur son pied, on a produit une légère inflammation sur une planche couverte de laine hachée, à 138 pieds de distance, avec 112 glaces, quoique le soleil fût faible et que la lumière en fût fort pâle. Il faut prendre garde à soi lorsqu'on approche de l'endroit où sont les matières combustibles, et il ne faut pas regarder le miroir, car si malheureusement les yeux se trouvaient au foyer, on serait aveuglé par l'éclat de la lumière.

Le 4 avril, à onze heures du matin, le soleil étant plus pâle et couvert de vapeurs et de nuages légers, on n'a pas laissé de produire, avec 154 glaces, à 150 pieds de distance, une chaleur si considérable qu'elle a fait, en moins de deux minutes, fumer une planche goudronnée, qui se serait certainement enflammée si le soleil n'avait pas disparu tout à coup.

Le lendemain, 5 avril, à trois heures après midi, par un soleil encore plus faible que le jour précédent, on a enflammé, à 150 pieds de distance, des copeaux de sapin soufrés et mêlés de charbon, en moins d'une minute et demie, avec 154 glaces. Lorsque le soleil est vif, il ne faut que quelques secondes pour produire l'inflammation.

Le 10 avril, après midi, par un soleil assez net, on a mis le feu à une planche de sapin goudronnée, à 150 pieds, avec 128 glaces seulement : l'inflammation a été très-subite, et elle s'est faite dans toute l'étendue du foyer, qui avait 16 pouces de diamètre à cette distance.

Le même jour, à deux heures et demie, on a porté le feu sur une planche de hêtre goudronnée en partie, et couverte, en quelques endroits, de laine hachée : l'inflammation s'est faite très-promptement ; elle a commencé par les parties du bois qui étaient découvertes, et le feu était si violent qu'il a fallu tremper dans l'eau la planche pour l'éteindre : il y avait 148 glaces, et la distance était de 150 pieds.

Le 11 avril, le foyer n'était qu'à 20 pieds de distance du miroir ; il n'a fallu que 12 glaces pour enflammer de petites matières combustibles. Avec 21 glaces, on a mis le feu à une planche de hêtre qui avait déjà été brûlée en partie ; avec 45 glaces, on a fondu un gros flacon d'étain qui pesait environ 6 livres ; et avec 117 glaces, on a fondu un morceau d'argent mince, et rougi une plaque de tôle. Je suis persuadé, ajoute le naturaliste physicien, qu'à 50 pieds on fondra les métaux aussi bien qu'à 20, en employant toutes les glaces du miroir; et comme le foyer, à cette distance, est large de 6 à 7 pouces, on pourra faire des épreuves en grand sur les métaux, ce qu'il n'était pas possible de faire avec les miroirs ordinaires, dont le foyer est ou très-faible ou cent fois plus petit que celui de mon miroir. J'ai remarqué que les métaux, et surtout l'argent, fument beaucoup avant de se fondre : la fumée en était si sensible qu'elle faisait ombre sur le terrain, et c'est là que je l'observais attentivement, car il n'est pas possible de regarder un instant le foyer lorsqu'il tombe sur du métal; l'éclat en est beaucoup plus vif que celui du soleil.

J'ai enflammé du bois jusqu'à 200 et même 210 pieds avec ce même miroir, par le soleil d'été, toutes les fois que le ciel était pur, et je crois pouvoir assurer qu'avec 40 semblables miroirs, on brûlerait à 400 pieds et peut-être plus loin. J'ai de même fondu tous les métaux et minéraux métalliques à 25, 30 et 40 pieds.

Un passage de la narration de Tzetzès sur Archimède rapporte qu'il enflammait les vaisseaux lorsqu'ils étaient « à portée du trait. » L'expérience précédente de Buffon remplacerait assez fidèlement, comme on le voit, la comburation à cette distance.

Cependant le physicien Robertson pense avec

d'autres physiciens que malgré ces effets, ce n'est point là le miroir d'Archimède, construit, selon toute évidence, de manière à aller atteindre les objets avec la vitesse d'un trait, pouvant suivre la marche d'un objet agité, comme les fluctuations d'un vaisseau, et modifier son foyer selon la distance de l'objet, mû enfin presque nécessairement par un mécanisme aussi simple qu'on doit l'attendre du génie puissant qui a doté la mécanique de la *théorie du levier*, des *sections coniques* et de la *vis*, moyen de résistance, digne de lutter, pour ainsi dire, contre le principe d'impulsion sphérique des mondes. La machine de Buffon n'a, dit-il, aucun de ces avantages. Les inconvénients majeurs qu'on reproche à son miroir sont l'impossibilité d'éloigner ou de rapprocher aussitôt que le cas peut l'exiger ; celle de faire obéir sa machine au mouvement diurne du soleil, et par conséquent de ne pouvoir fixer ce foyer sur un même objet pendant plus de cinq à six minutes ; enfin, le temps considérable qu'il faut employer à donner tour à tour, avec la main, à chacune des portions de glace le degré d'inclinaison nécessaire. Deux heures ne suffisent pas pour un tel arrangement de 168 glaces. Ces inconvénients ont laissé cet instrument inutile dans les mains du physicien. Le seul service qu'il ait pu rendre est d'avoir contribué à dissiper les doutes qui pouvaient encore rester à certains esprits, trop peu confiants dans les ressources du génie de l'homme, sur l'existence du miroir d'Archimède.

Robertson chercha donc à reconstruire le miroir du Syracusain. Je ne m'arrêterai pas à faire une description complète des nombreux essais auxquels il s'adonna avant de s'arrêter à une construction définitive ; je donnerai seulement dans la figure suivante la forme et la disposition de ce grand miroir circulaire dans le cas où il serait employé à la fusion des métaux.

Remarque singulière, le grand point de cette nouvelle construction qui était d'organiser une série de vis et de ressorts communiquant à un seul et pouvant modifier immédiatement et à volonté l'inclinaison mutuelle des miroirs, et par conséquent la position du foyer, fut précisément réalisée par un moyen connu d'Archimède, et, qui plus est, inventé par lui : par la *vis* qui porte son nom. En l'adaptant à une construction multiple, comme on la représente ici pour quatre miroirs seulement, il réalisa merveilleusement son projet.

L'administration départementale de l'Ourthe nomma deux membres pour examiner ce miroir et en constater les effets. Voici quelques passages de leur rapport : « L'obstacle, disaient-ils, que les connaissances presque universelles de Kircher et les recherches de Buffon n'avaient pu sur-

Fig. 25. — Miroir comburant.

monter, les efforts et la persévérance du citoyen Robert[1] nous ont semblé les avoir vaincus. La machine, de la plus grande simplicité, peut porter son foyer à une très-grande distance, et le ramener, aussi promptement que la parole, à la plus courte possible, suivre des mouvements agités en tous sens, obéir au cours du soleil, et tous ces effets exigent si peu de force, si peu de combinaison, qu'il suffirait à un enfant de voir opérer une fois pour les produire tous.

« Si le respect que nous devons à la propriété du sieur Robert, propriété qu'il n'a acquise qu'au prix de plusieurs années de patience et de travaux, nous permettait de vous rendre compte des moyens qu'il emploie pour obtenir des résultats aussi satisfaisants, frappés de leur extrême simplicité, et de la facilité avec laquelle ils peuvent être mis en usage, vous ne pourriez vous empêcher de dire avec son frère, lorsqu'il en eut connaissance et avec nous lorsqu'il nous les eut communiqué : « Quoi ! n'est-ce que cela? » Et ce mot serait un éloge, car une machine quelconque est d'autant plus parfaite qu'elle est moins compliquée...

« Si les effets de cette machine, aussi prompts que terribles, répondent à ce que nous devons en attendre, et à l'espoir qu'en a conçu l'auteur,

[1] Le nom de Robertson était Robert, auquel il avait ajouté la terminaison *son*, fils.

quels services n'en peut pas espérer la république dans la guerre actuelle? Exécuté en grand et placée sur nos côtes, son foyer, dirigé horizontalement sur les cordages d'un vaisseau assez hardi pour les approcher, les coupe et les met en un instant hors d'état de servir; portée sur les magasins des vivres d'une place assiégée, elle terminera en une heure des siéges qui durent plusieurs mois. Mais cessons de la considérer sous ce point de vue effrayant, où elle nous présente encore un nouveau moyen de destruction. De quelle utilité ne sera-t-elle point aux arts, dans les usines, les manufactures, les laboratoires, où le feu est employé comme principal agent? et dans un État où la rareté du bois se fait déjà si vivement sentir? Quels services ne rendra-t-elle pas à l'agriculture, à l'architecture, en réduisant, d'une manière prompte et peu coûteuse, les rochers en une chaux aussi propre à engraisser les terres qu'à bâtir. On ne finirait pas s'il fallait détailler tous les avantages que pourrait produire la découverte du citoyen Robert, et ce n'est pas la seule qu'ait faite ce laborieux physicien; je me contente de vous en indiquer deux autres, qui ne sont pas indignes d'attention : au moyen de la première, l'homme d'État, l'homme de lettres, peut, au sein de la nuit, sans le secours de lumière, d'encre, de plume, ni de crayon, fixer sur le papier l'idée heureuse qui interrompt son sommeil, et qu'il craint d'oublier. Cette découverte intéresse vivement l'humanité en ce que le citoyen malheureux, privé du plus précieux des sens, *la vue*, peut communiquer, écrire, abandonner même et reprendre son travail, sans craindre la plus légère confusion. La seconde, d'un mécanisme infiniment plus simple que la pompe à feu, peut mettre en jeu plusieurs pistons, et élever des volumes d'eau considérables par le secours d'un moteur dont la force est telle que la géométrie ne l'a peut-être pas encore calculée. »

Les deux examinateurs terminaient leur rapport en demandant que l'administration départementale et le commissaire du Directoire près cette administration protégeassent l'inventeur.

Parmi les officiers qui signèrent en route son laisser-passer, un d'eux, le général Hermorvan, prit beaucoup à cœur les avantages que le miroir pouvait offrir dans les opérations militaires; il rêva aussitôt tous les ennemis de la République réduits en cendre, et il apposa la note suivante au bas du certificat :

« Vu passer le dénommé au présent, j'invite tous les vrais républicains à aider le citoyen Robert, et à le protéger, afin qu'il puisse communiquer au gouvernement une *découverte intéressante dans la guerre actuelle*.

« Valenciennes, 27 pluviôse, l'an IV républicain.

« Général HERMORVAN. »

Robertson se présenta à une séance de l'Académie des sciences avec un petit appareil construit sur ce modèle, et par lequel il ne mettait en jeu que huit petits miroirs qui étaient seuls visibles, tout le reste soigneusement enveloppé; il les fit mouvoir avec autant de facilité que de précision; la curiosité de l'effet, jointe à la simplicité du ressort, excita l'étonnement, et lui attira les félicitations de tous les membres présents. Les applaudissements lui suffirent; ignorant les usages de l'Institut, il ne demanda point de mention au procès-verbal de la séance ni d'extrait, et se retira avec sa machine.

VII

LES LENTILLES

Vous connaissez tous la forme de la petite graine brune que l'on ne manque guère de mettre sur la table le jeudi saint et vers la fin du carême, en souvenir d'une ancienne légende qui lui donne la propriété d'effacer les péchés : on a donné le nom de *lentille*, en optique, à un disque de verre bombé de chaque côté ou biconvexe, dont la forme ressemble sensiblement à la graine susdite. Puis on a étendu cette désignation à cinq autres disques de verre jouissant de propriétés

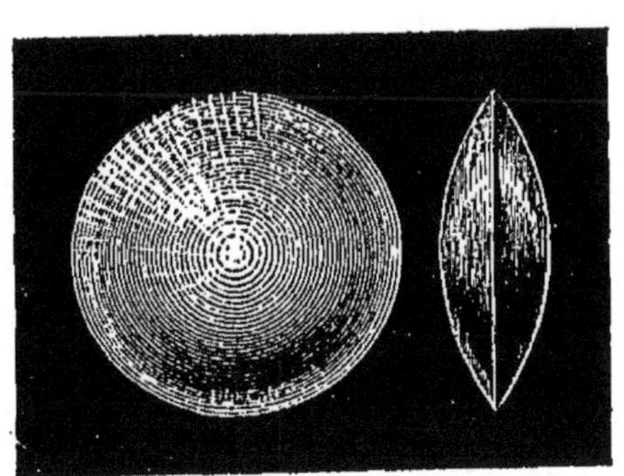

Fig. 26. — Lentille bi-convexe.

plus ou moins analogues à celles de la lentille *biconvexe*.

Telle est la forme de cette lentille. Voici sur une même ligne les six espèces. La quatrième se nomme *biconcave*, comme la première biconvexe. La seconde et la cinquième se nomment, l'une *plan-convexe*, l'autre *plan-concave*. La troisième et la sixième sont des *ménisques*, ou croissants; l'une est un ménisque *convergent*, la dernière est un ménisque *divergent*.

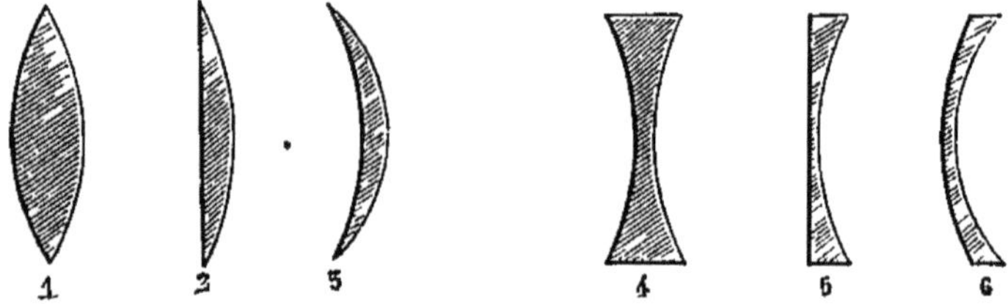

Fig. 27. — Série de lentilles.

Les propriétés de la première de ces lentilles s'appliquent aux deux convergentes comme elle ; celles de la quatrième s'appliquent également aux deux dernières, divergentes comme elle.

Les termes dont nous nous sommes servis à propos des miroirs nous serviront ici. On nomme « centre de courbure » le centre du cercle décrit par la surface de la lentille; « centre optique, » le point central intérieur également distant des deux faces, et « axe principal » la droite qui passerait par les deux centres de courbure des deux faces de la lentille.

Voyons d'abord quelle est la marche des rayons dans les lentilles biconvexes, et quels sont les foyers.

Les rayons peuvent être parallèles ou obliques. S'ils sont parallèles, la figure suivante représente leur passage à travers la lentille et leur émergence en aboutissant au point unique où ils viennent tous concourir.

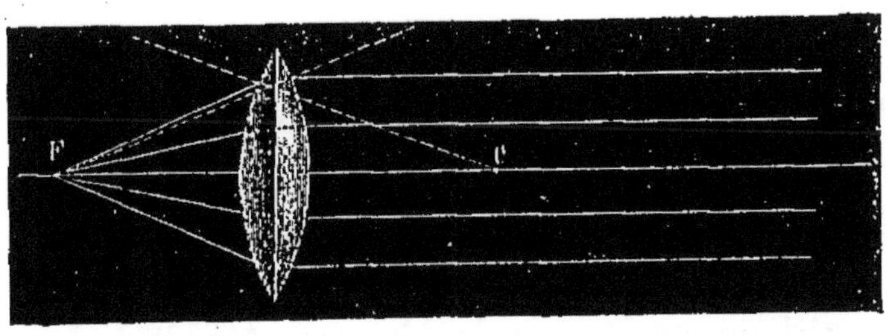

Fig. 28. — Marche des rayons dans les lentilles bi-convexes (foyer).

Ce n'est plus évidemment par réflexion qu'ils viennent aboutir au point F, mais par réfraction. Nous avons vu, p. 141, qu'en passant d'un milieu moins dense dans un milieu plus dense, les rayons subissent une déviation : un bâton plongé dans l'eau paraît courbé au point de surface ; un faisceau lumineux qui traverse un prisme est devié de sa route. Telle est la propriété des lentilles. Tous les rayons qui les traversent sont détournés de leur chemin en ligne droite. La forme lenticulaire donnée à cette masse de verre les empêche de dé-

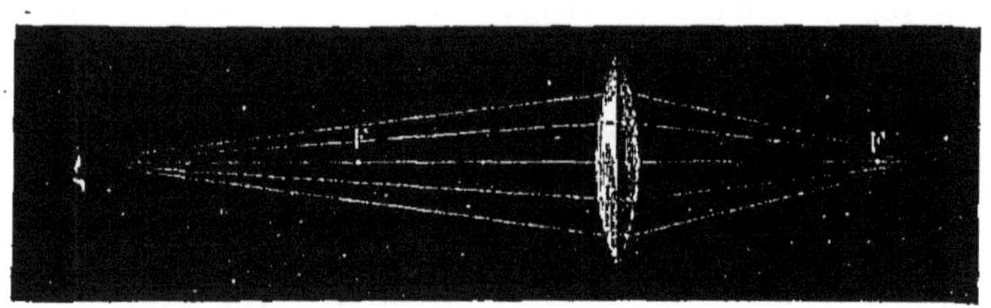

Fig. 29. — Marche des rayons dans les lentilles bi-convexes (foyer principal).

vier dans tous les sens, et comme la courbure est d'autant plus forte qu'elle est plus voisine du bord, elle imprime une déviation d'autant plus grande et fait arriver au même point central la somme des rayons. Ce point est le *foyer principal*, et l'on voit qu'il en existe un de chaque côté de la lentille (fig. 29).

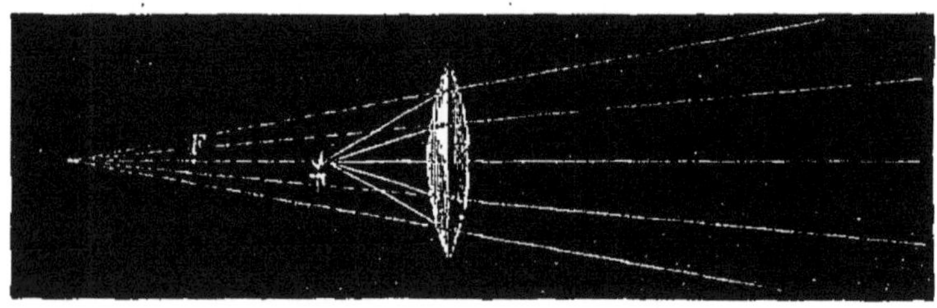

Fig. 30. — Foyer conjugué.

Si les rayons lumineux ne sont pas parallèles, si la source lumineuse n'est pas très-éloignée de la lentille, les rayons convergent moins rapidement et ne se réunissent qu'au delà du point F. Comme pour les miroirs, nous nommerons ce point le *foyer conjugué* et nous ajouterons que tandis que le foyer principal est immobile, la position du foyer conjugué varie selon la distance de la source lumineuse.

On voit donc que si la source lumineuse est infiniment élargie, les rayons sont parallèles et aboutissent au foyer principal à leur sortie de la lentille. A mesure que nous rapprochons cette source de lumière, les rayons abandonnent leur parallélisme, deviennent obliques et leur foyer de réunion s'éloigne du foyer principal. Si nous arrivons à porter la bougie auprès de la lentille, au foyer qui se trouve de son côté les rayons émergeant deviendront parallèles et n'aboutiront plus à aucun foyer. Enfin, si nous rapprochons encore davantage la source lumineuse, les rayons s'écarteront même de leur parallélisme et deviendront divergents (voyez la fig. 30).

Or, pour l'œil qui reçoit ces rayons, ils sembleront partis du point où vont concourir leurs prolongements. C'est donc en ce point qu'apparaîtra l'objet lumineux, et le phénomène sera identique à celui que nous avons rapporté p. 150, relativement aux miroirs concaves. Dans le cas présent comme dans celui-là, le foyer n'est qu'un foyer virtuel et les images qui viendront s'y former ne seront que des illusions.

Si l'on a bien saisi les propriétés qui viennent d'être indiquées, il sera facile de comprendre la formation des images dans ces lentilles.

Parlons d'abord des images réelles.

Voici par exemple une fleur placée d'un côté de la lentille. Comme elle n'en est pas infiniment éloignée, les rayons qu'elle lui envoie ne sont pas parallèles ; ils n'aboutiront donc pas au foyer

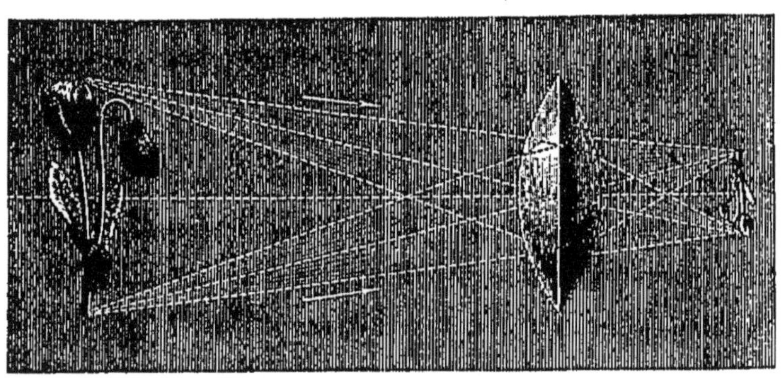

Fig. 51. — Image réelle des lentilles convergentes.

principal, mais à un foyer conjugué. Les rayons partis du centre suivront l'axe principal, et aboutiront avec cet axe vers l'écran placé pour recevoir l'image. Les rayons partis du sommet, arrivant au centre de la lentille, continueront leur route pour aboutir au centre de l'image optique : la ligne qu'ils suivent se nomme axe secondaire. Les rayons partis du pied croiseront les précédents au centre de la lentille, et formeront le haut de l'image. Cette image sera de la sorte constituée par un ensemble de foyers conjugués. Elle sera toujours renversée, puisque tous les axes secondaires se croisent au centre de la lentille. Mais elle ne sera pas toujours plus petite. La dimension dépend de la position de l'objet. Il suffit de réfléchir un instant à ce que nous avons dit tout à l'heure sur la marche du rayon pour se représenter que l'image sera plus petite que l'objet, si cet objet est plus éloigné de la lentille que le foyer conjugué où se forme l'image, et qu'elle sera plus grande dans le cas contraire. Plus l'objet sera éloigné et plus l'image sera petite; plus l'objet sera rapproché et plus l'image sera grande. Nous verrons bientôt l'application de ce principe dans les instruments d'optique et de récréation.

Ce sont là des *images réelles.* Mais de même que nous venons d'observer l'existence d'un foyer virtuel dans les lentilles biconveves, de même nous pouvons observer la formation des images virtuelles, lorsque l'objet est situé entre la lentille et le foyer principal. La fig. 29 représente le jeu des rayons. Ceux qui viennent de la tête de l'insecte s'infléchissent en arrivant dans la lentille et arrivent à l'œil dans une position qui, prolongée, aboutirait au point A. Un jeu analogue s'opère pour les autres parties du corps, de cette sorte que l'œil voit toujours une image droite et plus grande, mais non réelle et incapable d'être reçue sur un écran. Ce sont là les images *virtuelles*. Sur ce principe est construite la *Loupe* ordinaire. Chacun peut suivre la formation virtuelle des images à travers une loupe, observer qu'à mesure qu'on éloigne la loupe de l'objet, celui-ci grossit jusqu'au point où il disparaît : lorsqu'il arrive au foyer principal.

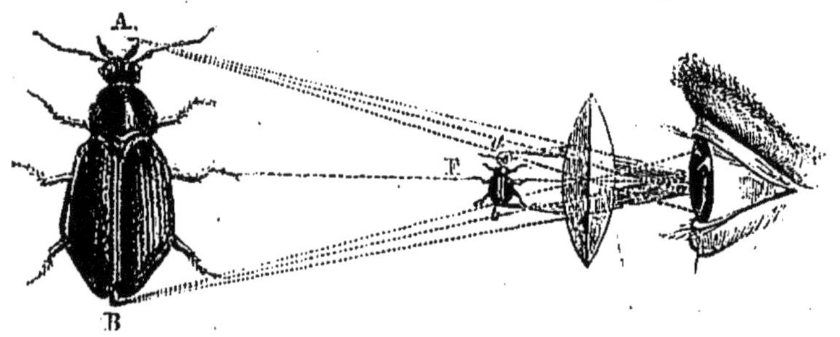

Fig. 32. — Image virtuelle dans les lentilles convergentes.

Les lentilles *biconcaves* sont construites, comme on l'a vu, sur une disposition opposée à celle des précédentes. Au lieu de décroître du centre aux bords, l'épaisseur du verre croît au contraire du centre vers les bords. Aussi, au lieu de rapprocher les rayons de l'axe principal, les lentilles biconcaves ne les rendent-elles que plus divergents encore. Il résulte de là qu'au lieu d'être amplifiée, la grandeur des objets est diminuée. La figure suivante indique le mode d'action et la lentille bi-concave. Les rayons partis de A et de B se trouvent écartés de l'axe en traversant la lentille, et l'œil croit voir l'objet au point où ceux-ci viennent aboutir, c'est-à-dire au foyer virtuel. L'image est toujours plus petite, et ne peut être que *virtuelle*. Ces lentilles ne donnent pas d'autres foyers ni d'autres images.

Les effets calorifiques produits par la réflexion des miroirs, dont nous nous sommes entretenus

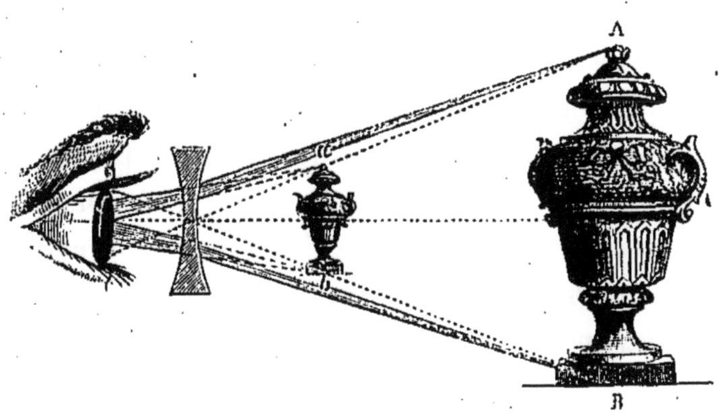

Fig. 33. — Image virtuelle dans les lentilles divergentes.

dans le chapitre précédent, peuvent être semblablement produits par les lentilles convergentes. Si l'on place au foyer principal un corps combustible et inflammable, ce corps s'échauffe, fume, et ne tarde pas à brûler. Avec une lentille d'un diamètre suffisant on peut fondre des métaux au soleil. En voyage, j'ai souvent rencontré des touristes soigneusement munis d'un verre grossissant pour allumer leur pipe.

Parmi ces sortes d'applications des lentilles convergentes, on peut signaler leur adaptation aux petits canons destinés à marquer l'heure. Si le foyer de la lentille coïncide avec la lumière du canon et si cette lentille est bien orientée dans le méridien, au moment précis du midi vrai le canon tonne : la poudre étant enflammée par le soleil lui-même à son passage au méridien. Il existe à Paris un instrument très-populaire marquant le midi vrai, c'est le canon du Palais-Royal, que représente notre gravure. Situé dans le parterre le plus rapproché de la galerie vitrée, derrière la statue de marbre (aujourd'hui statue de bronze d'un effet moins gracieux) de la *jeune fille mordue au pied par un serpent*, il est scellé sur une borne de pierre, tournant la gueule vers un beau *Pawlonnia Japonensis*, planté au milieu de la platebande.

Une lentille, dont le foyer est incliné dans le méridien, suivant la déclinaison du soleil, concentre les rayons de l'astre sur la lumière amorcée du canon et fait partir le coup au moment du midi vrai.

Observons en passant qu'à Paris, il y a encore un grand nombre d'hommes qui, pour l'heure, ne s'en rapportent qu'au canon du Palais-Royal.

Fig. 34. — Canon du Palais-Royal.

Dans les belles journées, on les voit, appuyés le long du grillage, leur montre à la main, attendant le coup de canon pour avoir, comme ils disent, l'heure du soleil ; c'est pour eux l'heure *officielle contre* laquelle aucun régulateur, aucun chronomètre ne saurait prévaloir.

Les plantons du Palais-Royal, « ces partisans à outrance de l'heure officielle du bon Dieu, » disait Lecouturier, ne sont jamais contents de rien, et surtout ils sont les ennemis acharnés des horlogers. Comme ils n'entendent à peu près jamais sonner *midi* aux horloges de la ville au *moment* où part le coup de canon, ils accusent hautement ceux-ci de donner aux Parisiens une heure fausse, une heure frelatée. Quant à la qualité des horloges, qui sont tantôt d'un quart d'heure en avance, tantôt d'un quart d'heure en retard sur le canon ils les prennent en pitié, et ils ne conçoivent pas que l'administration accorde sa confiance à des horlogers qui la trompent.

Bien plus, ces hommes qui se piquent de rechercher les meilleures montres, ne sont jamais contents de celles qu'ils possèdent ; c'est ce qui leur prouve encore que les horlogers ne sont pas des gens consciencieux : quelque élevé que soit le prix qu'ils y aient mis, ils ne peuvent jamais parvenir à les régler. En effet, qu'il fasse aujourd'hui une belle journée qui permette au canon de partir, ils vont régler leurs montres sur l'heure du canon, mais qu'il vienne à la suite dix ou douze jours de pluie ou de temps couvert, pendant lesquels le canon se taise, ils seront tout surpris de voir leurs montres avancer ou retarder de cinq ou six minutes lorsque le canon retentira de nouveau, et ils n'en finiront pas avec leurs lamentations sur la mauvaise foi des horlogers, qui pourtant leur avaient donné l'assurance que leurs montres étaient bonnes.

Il n'y a rien d'étonnant à cela, et si j'ai fait ces remarques ici, c'est pour vous dire en passant que le soleil ne marque l'heure exacte qu'aux équinoxes, et que son heure est loin de s'accorder avec l'heure civile. Une montre qui marcherait comme le soleil serait une très-mauvaise montre, loin d'être un chef-d'œuvre, comme quelques-uns le croient encore. La terre ne marche pas avec une vitesse égale dans son cours; elle va tantôt plus vite tantôt plus lentement, et pour avoir une mesure régulière de temps on a pris la *moyenne*. Les horloges et les montres marquent donc l'heure moyenne, les cadrans solaires marquant l'heure vraie sont tantôt en avance tantôt en retard sur elles.

Nous ne pouvons terminer ce chapitre sans parler de la très-utile application des lentilles aux *phares*, ou flambeaux placés sur des tours au bord de la mer, pour guider les navigateurs dans les ténèbres, et désignés sous ce nom depuis qu'en l'an 470 de la fondation de Rome, Ptolémée Philadelphe fit élever celui de l'île de Pharos, près d'Alexandrie. Fresnel substitua aux réflecteurs métalliques de grandes lentilles planes, convexes disposées suivant un système particulier imaginé par Buffon, et connues sous le nom de lentilles à échelon. Voici en peu de mots ce système.

Le dessin ci-après le représente de profil. La lampe (équivalente à 17 lampes de Carcel d'après Arago), ou la lumière électrique est placée au foyer de la lentille plan-convexe A, de 30 centimètres de diamètre. Ce foyer est également celui d'un système d'anneaux de verre plans convexes et concentriques, dont la courbure est calculée à cet effet. Il résulte de cet arrangement un immense faisceau horizontal qui va porter la lumière sur l'Océan ténébreux à quinze lieues de distance. Les miroirs plans, de verre étamé, que l'on voit au-dessus et au-dessous des anneaux, disposés en étages, renvoient également la lumière dans la direction horizontale. Fresnel réunit huit systèmes semblables pour chaque phare, écartés chacun de 45 degrés, afin qu'au lieu de porter la lumière sur un seul point, le phare éclairât une bonne partie de l'horizon. De plus, comme il resterait encore des lignes intermédiaires obscures, dans l'ombre desquelles le phare ne serait d'aucun secours pour le navigateur, le même physicien a encore adapté un mouvement d'horlogerie au système, en vertu duquel celui-ci tourne sur lui-même et éclaire successivement tous les points de la nuit océanique. En variant ces éclipses, la vitesse du mouvement

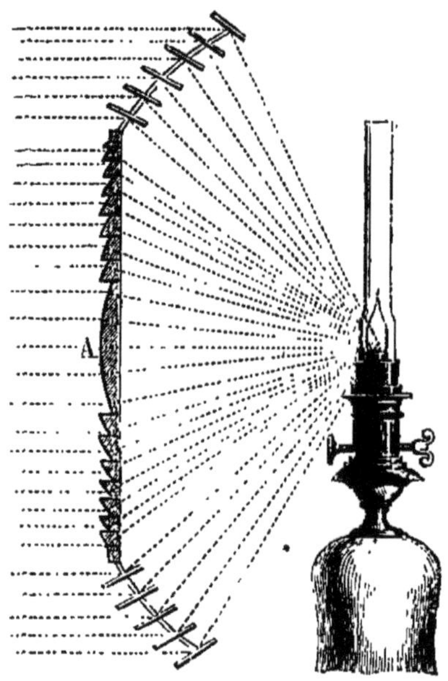

Fig. 35.— Lentille à échelons (de phare).

et la couleur des lentilles, on distingue les phares les uns des autres. C'est ainsi que du cap de la Hève on reconnaît tous ceux de l'embouchure de la Seine : Sainte-Adresse, le Havre, Tancarville, Honfleur, Trouville, Cabourg, etc. La figure suivante représente la coupe d'un phare de premier ordre, de celui qui excite à juste titre l'admiration

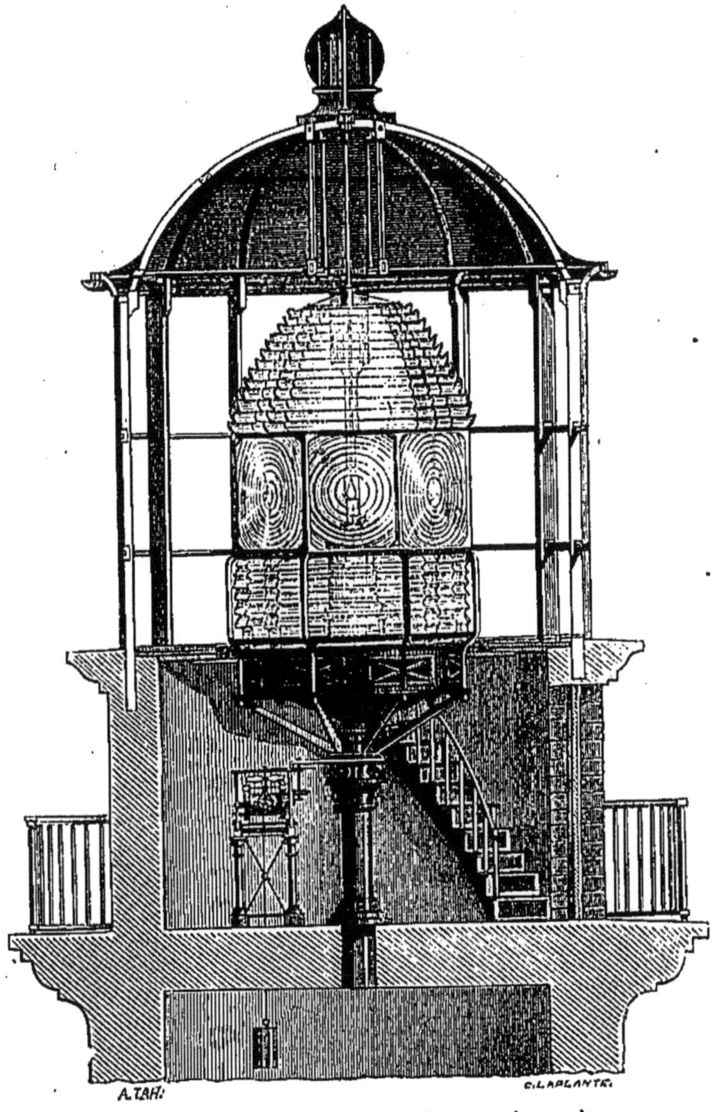

Fig. 36. — Coupe d'un phare de premier ordre.

des visiteurs à l'Exposition universelle de 1855.

Quand vous irez au Havre ne manquez pas de monter par la rue d'Etretat et le champêtre sentier des phares qui borde les falaises, de l'hôtel des bains à la chapelle. Là-haut vous jouirez d'une vue magnifique, et vous visiterez l'un des plus beaux phares de France.

LES INSTRUMENTS D'OPTIQUE
MICROSCOPE — SIMPLE — COMPOSÉ — SOLAIRE
PHOTO-ÉLECTRIQUE

Les lentilles et quelquefois les miroirs, dont nous avons décrit les propriétés dans les chapitres précédents, ont été combinés suivant différentes méthodes dont le but est de servir à l'analyse des objets trop petits ou trop éloignés pour nos yeux livrés à leur seule puissance. On a donné le nom de *microscopes* (d'un mot grec qui signifie petit) aux instruments de la première classe, et le nom de *télescopes* (d'un mot grec qui signifie lointain) à ceux de la seconde.

A part ces deux classes bien définies d'instruments d'optique, il en est une troisième composée d'instruments variés, imaginés pour l'usage du dessin, ou pour récréer la vue par des illusions singulières ; ce sont : la lanterne magique, la fantasmagorie, le diorama et le polyorama, la chambre obscure, la chambre claire, etc. Ils feront l'objet de la dernière partie de ce livre, et leur ensemble nous fournira toute une série de faits surprenants devant lesquels pâliront les usages plus modestes peut-être des instruments utiles.

Nous avons dit que le microscope sert à l'étude des objets trop petits pour être suffisamment accessibles à l'analyse de notre vue. Il y en a de deux sortes : le microscope simple, ou loupe, et le microscope composé.

En parlant des lentilles convergentes, nous avons déjà vu en quoi consiste le microscope simple ou la loupe. C'est simplement une petite lentille très-convergente employée comme verre grossissant. Les vieillards dont la vue est affaiblie s'en servent pour la lecture ; les horlogers, les graveurs, les bijoutiers, s'en servent pour les travaux délicats. On la monte ordinairement sur un cercle de corne ou d'écaille, afin qu'elle soit d'un usage manuel plus facile. Quelquefois on monte deux lentilles ensemble, l'une devant l'autre ; on a alors une loupe double et le grossissement est plus fort.

Lorsqu'on songe que dès le premier siècle de notre ère, Sénèque déclarait que l'écriture paraît plus grosse lorsqu'on la regarde à travers une boule de verre pleine d'eau, et qu'au huitième

Fig. 37. — Microscope composé.

siècle on faisait usage de besicles, c'est-à-dire de verres grossissants pour les vieillards, on a lieu de s'étonner que l'on soit resté jusqu'au commencement du dix-septième siècle pour inventer un véritable instrument d'optique, pour imaginer la construction du microscope composé ou du télescope.

Voici le microscope composé entre les mains de l'observateur (fig. 34). Vous le reconnaissez, n'est-ce pas? Vous vous en êtes servi sans doute, et vous comprenez facilement la marche des rayons lumineux dans sa disposition intérieure.

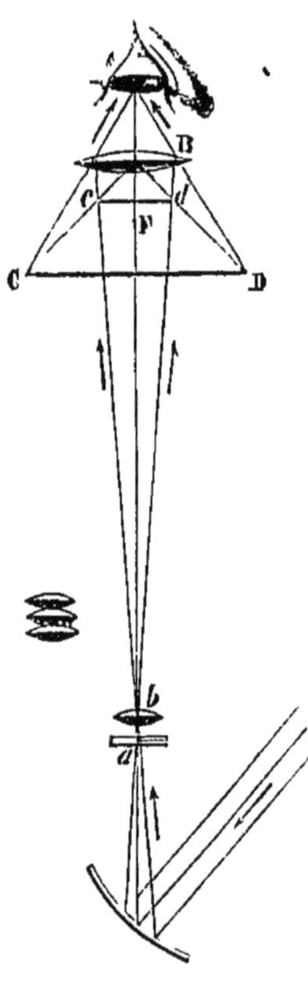

Fig 38 —Marche des rayons dans le microscope composé

L'objet que l'on observe est placé en *a* (fig. 35), sur une lame de verre nommée pour cela porte-objet. Une petite lentille convergente, *b*, donne en *c d* une image réelle, renversée et amplifiée, de l'objet placé en *a*. Une autre lentille convergente, plus grande, est placée en B, de telle sorte que l'œil qui regarde au travers, au lieu de voir l'image *cd* simplement agrandie par la première lentille, voit en CD une image virtuelle de nouveau amplifiée. La lentille placée près de l'objet se nomme *l'objectif;* celle placée près de l'œil se nomme *l'oculaire.* Ces dénominations dont vous connaissez désormais la cause, sont les mêmes pour tous les instruments d'optique, lunettes, etc.

Le grossissement dépend surtout de l'objectif. En se servant de trois lentilles superposées au lieu d'une, on augmente singulièrement son pouvoir amplifiant. Grâce au progrès réalisé dans l'optique par les constructions modernes, le grossissement du microscope a pu être porté jusqu'à dix-huit cents fois en diamètre. On se représente difficilement un pareil agrandissement si l'on songe que grossir dix-huit cents fois le diamètre d'un objet c'est agrandir de 3,260,000 fois sa surface! Aussi de telles amplifications diminuent-elles de beaucoup la netteté des contours et la clarté des images. Dans la majorité des cas, et pour les études d'analyse, un bon grossissement ne dépasse pas 600 diamètres, c'est-à-dire 360,000 fois la surface réelle de l'objet observé. C'est déjà beau, et c'est à cette merveilleuse puissance que l'on doit d'avoir observé les structures invisibles de la constitution organique végétale et animale, de même que le monde des infiniment petits dont les débris forment les marbres et les calcaires, et ce royaume immense de la vie microscopique qui peuple de myriades d'êtres une goutte d'eau, une feuille d'arbre ou le délicat tissu de nos corps.

Comme il est indispensable que l'objet soit fortement éclairé, on réunit sur lui un faisceau de lumière par une bonne lentille convergente qui va former son foyer sur l'objet même. Si cet objet est transparent on l'éclaire en dessous par un miroir concave qui concentre sur lui une grande quantité de lumière.

On a généralement gardé pour cet instrument le nom de microscope. Quant au microscope simple, on le distingue sous le nom de loupe ou de verre grossissant.

Afin de rendre visibles aux yeux d'un auditoire nombreux ces merveilleuses révélations du microscope, les opticiens sont parvenus à disposer cet appareil de telle façon que l'image, au lieu d'être vue par le seul observateur qui se met à l'oculaire, puisse être projetée sur un écran. La disposition particulière de cet appareil repose sur les mêmes principes que la lanterne magique et la fantasmagorie, dont nous parlerons bientôt. La figure 39 représente ce microscope désigné sous la dénomination de *photo-électrique*, parce que, en effet, c'est par cette étincelante lumière qu'on illumine l'objet qui doit être considérablement amplifié. Les bocaux que l'on voit au pied de l'appareil constituent la pile électrique de laquelle se dégage l'électricité. Les rayons lumineux, partis

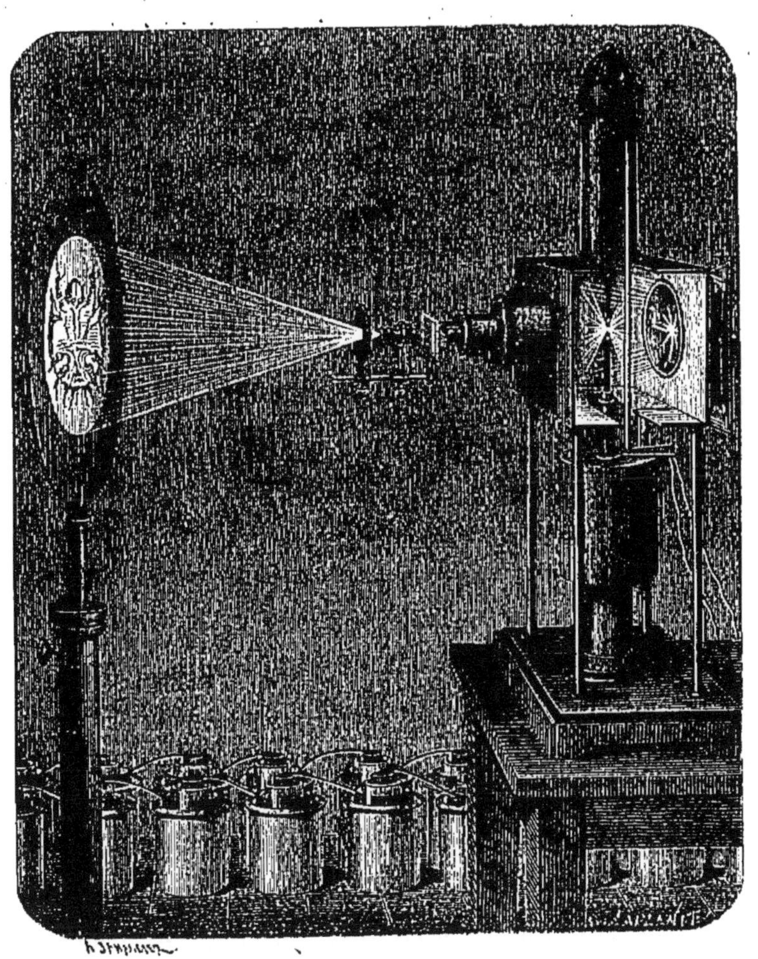

Fig. 39. — Microscope photo-électrique.

du point d'incandescence et réfléchis par le réflecteur placé en arrière, se concentrent dans le tube sur l'objet à amplifier. L'image, ainsi éclairée, passe par un système de lentilles convergentes, et va se projeter sur l'écran, grossie plusieurs millions de fois, selon le numéro de l'objectif.

« L'expérience du microscope photo-électrique, dit M. Ganot, est une des plus curieuses et des plus agréables de la physique. Avec cet instrument on peut montrer à la fois à un grand nombre de spectateurs, et avec un grossissement considérable, des objets prodigieusement petits. Un cheveu, par exemple, paraît gros comme un manche à balai ; une puce, comme un mouton ; l'acarus de la gale, animalcule qui se trouve dans les pustules des galeux, et est cause de la contagion de la maladie, paraît plus gros que la tête d'un homme : il en est de même des animalcules qui se trouvent sur la croûte des fromages secs, quoique tous ces petits animaux ne puissent se distinguer à l'œil nu. Une des expériences les plus remarquables est celle qui montre la circulation du sang ; on la fait en plaçant entre les deux lames du verre la queue d'un têtard vivant, c'est-à-dire d'une petite grenouille, quand ses membres supérieurs et inférieurs ne sont pas encore développés. On aperçoit alors sur l'écran comme une carte de géographie enluminée, dont toutes les rivières paraissent animées d'un écoulement très-rapide ; c'est le sang qui circule avec une grande vitesse dans les artères et dans les veines. Une expérience très-belle est encore celle de la cristallisation des sels, et surtout du sel ammoniac. On fait dissoudre ce sel dans de l'eau, et l'on étale une goutte de cette dissolution sur une lame de verre qu'on place dans l'appareil. La chaleur faisant évaporer l'eau, il se forme une végétation surprenante par la

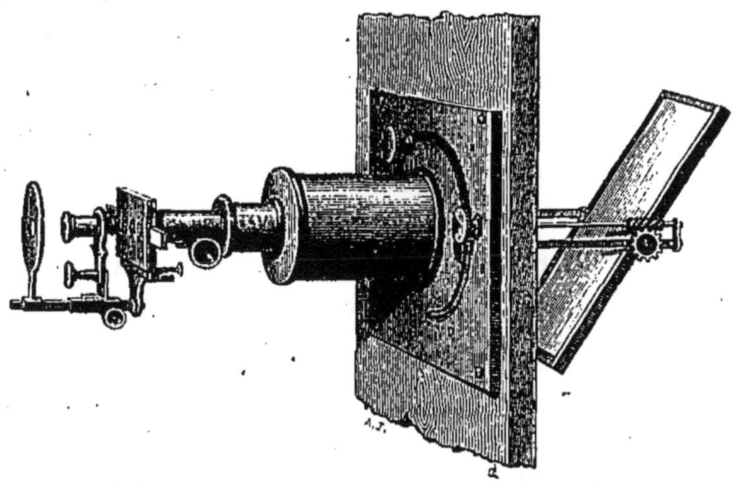

Fig. 40. — Microscope solaire.

promptitude avec laquelle les molécules cristallines se groupent entre elles pour produire de magnifiques ramifications en forme de feuilles de fougère. »

On éclaire quelquefois l'appareil que nous venons de décrire au moyen de la lumière du soleil, et on lui donne alors le nom de *microscope solaire*. On l'a éclairé pendant un temps avec la lumière très-vive qu'on obtient en brûlant un mélange d'hydrogène et d'oxygène sur de la craie, et il était alors connu sous le nom de *microscope à gaz*.

Le microscope solaire ne diffère donc pas essentiellement du précédent. Au lieu de la lumière électrique, un miroir placé hors de la chambre obscure reçoit les rayons solaires et les réfléchit sur une première lentille convergente placée dans le tube, et de là sur une seconde placée non loin de la double lame de verre, en laquelle est emprisonné l'objet à grossir. Un système de trois lentilles très-convergentes, placé comme on le voit en dehors de cette lame de verre et très-près, reçoit l'objet ainsi fortement éclairé et en donne, à quelques pieds de distance et toujours en avant, une image renversée et considérablement amplifiée. Des vis servent à régler la distance des lentilles à l'objet.

Comme la lumière vient du soleil et que le soleil tourne dans son mouvement diurne apparent, il faut que l'inclinaison du réflecteur change constamment et renvoie néanmoins toujours les rayons suivant l'axe du microscope. A défaut d'héliostat, on se sert pour cet effet d'une vis sans fin dont on voit le bouton à l'intérieur de la plaque dirigée vers le soleil.

On sait qu'il y a des substances qui se laissent traverser par la lumière sans se laisser traverser par la chaleur. Telle est l'eau saturée d'alun. Comme le réflecteur envoie sur le corps à analyser une chaleur trop ardente, sous laquelle il se détériore promptement, on interpose une couche de cette eau, et les petits êtres vivants qu'on étudie sont moins exposés à être brûlés vifs par ce rayonnement intense.

IX

TÉLESCOPES — LUNETTES D'APPROCHE

(Galilée — Grégory — Newton — Herschel — Lord Ross — Foucault)

Si l'histoire ignore jusqu'au nom de l'inventeur du microscope, elle nous fournit à l'égard du télescope des notions un peu plus précises.

On a trouvé dans les archives de la Haye, dit Arago, des documents à l'aide desquels van Swieten et Moll sont parvenus à des conclusions décisives sur le premier, sur le véritable inventeur des lunettes d'approche.

On lit dans ces documents qu'un fabricant de besicles, nommé Jean Lippershey, à Middelbourg, mais natif de Wesel, adressa, le 2 octobre 1606, une supplique aux états généraux, dans laquelle il demandait un brevet de trente années qui lui assurât, soit la construction privilégiée d'un instrument nouveau de son invention, soit une pension annuelle, sous la condition de n'exécuter cet instrument que pour le service du pays. La supplique qualifiait ainsi le nouvel instrument :

« Il sert à faire voir au loin, *ainsi que cela a été prouvé à MM. les membres des états généraux.* »

Le 4 octobre 1608, les états-généraux nommèrent un député de chaque province pour essayer le nouvel instrument sur une tour du palais du stathouder. (Huggard dit que les premières lunettes avaient 1 pied et demi de long.)

Le 6 octobre, la commission déclara que l'instrument de Lippershey serait utile au pays ; elle demanda, cependant, qu'il fût perfertionné en telle sorte qu'on *pût voir des deux yeux.*

Le 9 décembre, Lippershey ayant annoncé qu'il avait résolu le problème, van Dorth, Magnus, et van der Au furent chargés de vérifier le fait. Les commissaires firent un rapport favorable le 15 décembre 1608. L'instrument, *construit pour les deux yeux*, avait été trouvé bon.

En lisant les extraits des *Archives de la Haye*, donnés par M. Moll, on remarque avec bonheur combien les commissaires des états-généraux mirent de promptitude à examiner les lunettes de Lippershey. Mais bientôt le déplaisir succède à la sastisfaction, car on voit un grand corps national marchander ces instruments incomparables, tout comme s'il se fût agit d'une caisse d'épices venant des Indes orientales. Enfin, l'indignation vous gagne lorsque les commissaires des états, vaniteux comme des échevins en costume, décident que sa lunette restera imparfaite, tant qu'on n'y regardera des deux yeux, tant que l'observateur sera réduit à la *nécessité* de cligner, et mettent l'opticien dans l'obligation de consacrer à l'exécution de *binocles* un temps qu'il eût beaucoup mieux employé à perfectionner la lunette simple. Lippershey reçut 900 florins pour trois de ses binocles, mais les états décidèrent qu'on lui refuserait un brevet, parce qu'*il était notoire que déjà différentes personnes avaient eu connaissance de l'invention.*

Parmi ces différentes personnes, il faut compter sans doute Jacques Adriaan'z (Métius, quatrième fils d'Adrien Métius, bourgmestre d'Alemaar, celui-là même qui découvrit le fameux rapport du diamètre à la circonférence : 113 : 355). Jacques Métius avait adressé aux états généraux, le 17 octobre 1608, une supplique ainsi conçue :

« Je suis parvenu, après deux années de travail et de méditation, à faire un instrument à l'aide duquel on peut voir nettement les objets trop éloignés pour être visibles, ou du moins pour être visibles distinctement. Celui que je présente, fabriqué seulement pour l'essai, avec de mauvais matériaux, est pourtant tout aussi bon, d'après le jugement de Son Excellence (le stathouder) et celui de plusieurs autres personnes qui ont pu faire la comparaison, *que l'instrument présenté récemment à Leurs Seigneuries par un bourgeois de Middelbourg.* Je suis certain de le perfectionner encore beaucoup ; je demande donc un brevet par lequel il serait défendu pendant vingt-deux années, sous peine d'amende et de confiscation, à quiconque ne serait pas déjà en possession de cette invention et ne l'aurait pas mise en œuvre, de vendre et d'acheter un instrument semblable. »

Les États engagèrent le suppliant à porter l'instrument à sa perfection, se réservant, s'il y avait lieu, de récompenser plus tard Jacques Métius, d'une manière convenable.

Galilée est considéré en Italie comme ayant retrouvé, par ses propres efforts, la lunette hollandaise, sur laquelle il n'avait reçu, au commencement de 1609, que les renseignements les plus imparfaits. On remarque que, dans sa lettre aux chefs de la république vénitienne, renfermant les propriétés des nouveaux instruments, Galilée leur annonçait qu'il n'en construirait que pour l'usage des marins et des armées de la république, si on le désirait. Mais le secret était inutile, puisqu'on fabriquait de ces instruments en Hollande, à des prix modérés. Du reste, l'auteur ne faisait aucune mention des travaux antérieurs des Hollandais, ni dans une première lettre que Venturi nous a conservée (tome Ier, page 81), ni dans un décret du sénat de Venise, en date du 5 août 1609.

La découverte est présentée comme la conséquence des principes secrets de la perspective.

C'est à tort que les auteurs italiens prétendent que la doctrine des réfractions a joué un rôle important dans la seconde découverte faite par Galilée lui-même, de la série de déductions à l'aide de laquelle ce grand homme produisit les premiers instruments.

Huygens disait, dans sa *Dioptrique* : « Je mettrais sans hésiter au-dessus de tous les mortels celui qui, par ses seules réflexions, celui qui, sans le concours du hasard, serait arrivé à l'invention des lunettes. »

Voyons, continue Arago, si Lippershey, si Jacques Métius, etc., ont été des hommes sans pareils.

Hieronymus Saturus rapporte qu'un inconnu, *homme de génie*, s'étant présenté chez Lippershey, lui commanda plusieurs lentilles convexes et concaves. Le jour convenu, il alla les chercher, en choisit deux, l'une concave, la seconde convexe, les mit devant son œil, les écarta peu à peu l'une de l'autre, sans dire si cette manœuvre avait pour objet l'examen du travail de l'artiste, ou toute autre cause, paya et disparut. Lippershey se mit incontinent à imiter ce qu'il venait de voir faire, reconnut le grossissement engendré par la combinaison des deux lentilles, attacha les deux verres aux extrémités d'un tube, et se hâta d'offrir le nouvel instrument au prince Maurice de Nassau.

Suivant une autre version, les enfants de Lippershey, en jouant dans la boutique de leur père, s'avisèrent de regarder au travers de deux lentilles, l'une convexe, l'autre concave; ces deux verres s'étant trouvés à la distance convenable, montrèrent le coq du clocher de Middelbourg grossi ou notablement rapproché. La surprise des enfants ayant éveillé l'attention de Lippershey, celui-ci, pour rendre l'épreuve plus commode, établit d'abord les verres sur une planchette ; ensuite il les fixa aux extrémités de deux tuyaux susceptibles de rentrer l'un dans l'autre A partir de ce moment, la lunette était trouvée.

Les principaux documents qui ont servi à rédiger ce chapitre, en ce qui concerne Lippershey, ont été empruntés à un Mémoire d'Olbers, publié dans l'*Annuaire* de Schumacher de 1843.

Le bruit courait, du temps de Galilée, que le pape Léon X avait eu en sa possession une lunette qui lui permettait de distinguer de Florence, les oiseaux qui volaient à Fiesole. Ce bruit n'atténue en rien le mérite de l'illustre astronome, d'avoir construit lui-même l'une des premières lunettes d'approche, de l'avoir dirigée vers le ciel pour la première fois, et cela par des recherches purement théoriques, car il n'est pas du tout prouvé qu'il ait jamais eu entre les mains la lunette hollandaise.

C'est donc à juste titre que cette première lunette porte le nom du savant professeur de Padoue. Les grossissements successifs qu'il lui appliqua furent de quatre, sept et trente fois — ce dernier étant le plus élevé qu'il pût acquérir. C'est par ces moyens, relativement faibles et élémentaires, qu'il découvrit les satellites de Jupiter, les montagnes de la lune et les taches du soleil. On lui donna le surnom de *Lynceus*, par allusion à l'argonaute Lyncée, dont la légende racontait qu'il voyait à travers les murs ; vers la fin de sa vie, le célèbre astronome, devenu aveugle, se riait tristement de son surnom et de celui d'une fameuse académie italienne.

La figure suivante montre la marche des rayons dans cette lunette. L'objectif O est biconvexe, et l'oculaire *o* biconcave. L'image se forme entre ces deux lentilles, et l'œil croit la voir en ce point. On a vu plus haut qu'on se plaignait d'être obligé de fermer un œil pour se servir de cette petite lunette portative ; en 1671, un bon père capucin, dont le nom de *Chérubin* ne laisse pas d'être fort gracieux, associa deux de ces lunettes et forma la *jumelle*, dont l'usage quelque peu mondain sur nos théâtres, était sans doute loin du but de l'inventeur. Les jumelles et les lorgnettes ne grossissent guère que deux à trois fois.

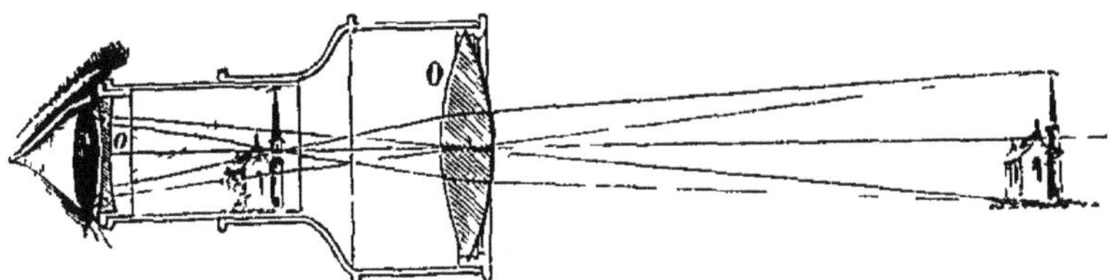

Fig. 40. — Marche des rayons dans la lunette de Galilée.

Vous n'êtes pas sans avoir observé que les objets nous paraissent d'autant plus petits qu'ils sont plus éloignés de nous, et que lorsqu'on dit que telle lunette grossit deux ou trois fois, c'est identiquement comme si l'on disait qu'elle rapproche l'objet de ce même nombre de fois. Ainsi, il y a dans la Grande-Bretagne, au parc de Parsonstown, propriété de lord Ross, le plus magnifique télescope que l'on ait encore construit jusqu'à présent. Il grossit 6,000 fois. Lors donc qu'on observe la lune avec ce télescope, elle est rapprochée de 6,000 fois sa distance. Sachant, d'un autre côté, que cette distance est de 96,000 lieues, vous n'aurez pas de peine à diviser 96 par 6, et à trouver que ledit télescope rapproche l'astre des nuits à 16 lieues de notre œil.

(J'ai rencontré quelquefois des personnes qui

me faisaient la naïve réflexion suivante : Si le grand télescope rapproche la lune à 16 lieues, il nous transporte à 16 lieues de cet astre ; sur les 96,000 lieues, c'est 95,984 de faites. Il en reste si peu à faire après un pareil voyage, qu'il faut espérer qu'on les fera bientôt !)

Mais revenons à l'origine des lunettes et à l'invention de la lunette astronomique.

Kepler, dont le nom célèbre se laisse aujourd'hui constamment associer à celui de Galilée, mais qui, dans le temps, était un peu son rival, substitua à la lunette simple de celui-ci, une nouvelle à deux verres convergents, afin d'obtenir un champ d'exploration plus large dans l'observation céleste. C'est cette lunette qui est spécialement qualifiée d'*astronomique*. Elle renverse les objets, mais ce renversement est sans inconvénient pour l'étude des astres.

L'instrument que l'on voit sur cette plate-forme est la lunette astronomique à sa plus simple expression. Dans son axe, et fixé à sa gauche, est le *chercheur*, ou petite lunette de moindre grossissement, qui embrasse un champ plus vaste dans le ciel et qui sert, comme son nom l'indique, à chercher d'abord dans l'armée céleste l'astre que l'on veut étudier. La manivelle et les deux roues dentées servent à élever ou à abaisser la lunette, d'ailleurs mobile au-dessus de l'arbre vertical qui la soutient, de telle sorte qu'on peut la diriger vers quelque point du ciel que l'on désire.

Fig. 42. — Lunette astronomique.

La disposition du verre et la marche des rayons dans cette lunette est la suivante :

La lentille convexe qui sert d'objectif donne en *ab* une image renversée de l'astre AB. La petite lentille convexe qui sert d'oculaire, amplifie cette image sans la retourner et la fait voir en *A'B'*. Cet oculaire est fixé à l'extrémité d'un tube plus étroit que celui de l'objectif, lequel tube peut glisser à frottement doux pour s'approcher ou s'écarter de l'image *ab*, condition indispensable, car toutes les personnes ne jouissant pas de la même vue, la distance qui convient à l'une ne convient pas à l'autre. Il est donc bon de savoir, en général, que pour bien distinguer un astre dans une lunette astronomique, la première condition est de mettre

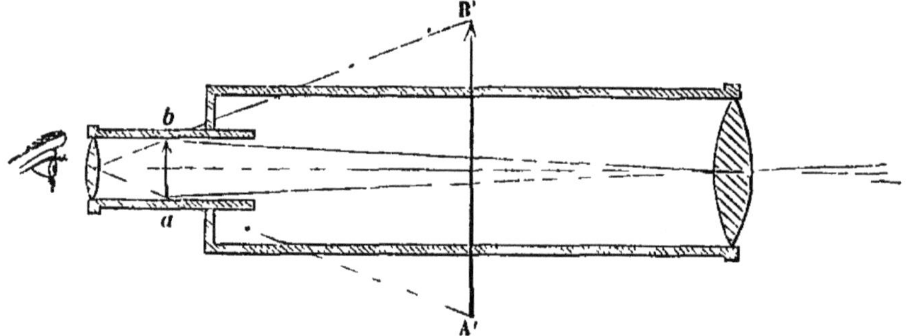

Fig. 45. — Coupe théorique d'une lunette astronomique.

« la lunette au point, » c'est-à-dire l'oculaire à portée de l'image; sans cette précaution on voit confusément ou pas du tout. Cette remarque offre plus d'applications qu'elle n'en a l'air. J'ai souvent rencontré des personnes qui par complaisance ou même par vanité déclaraient qu'elles voyaient parfaitement les montagnes de la lune dans une lunette qu'elles n'avaient pas songé à mettre à leur vue, tandis qu'elle ne voyaient qu'une masse confuse d'ombres et de lumières. Lorsqu'on les invite à tourner le bouton qui fait avancer ou reculer l'oculaire, elles sont alors légitimement surprises de s'apercevoir qu'elles n'ont à peu près rien distingué jusque-là.

L'objectif doit être très-grand et la convexité légère ; l'oculaire doit être assez petit, et sa convexité très-forte. C'est de cette double disposition que dépend le grossissement de la lunette et c'est de la difficulté de fondre et de tailler de grands objectifs que résulte la difficulté d'obtenir de forts grossissements. L'oculaire peut être retiré de son tube et remplacé par un autre d'un grossissement différent. Dans la même lunette, et avec le même objectif, la même image *ab* est susceptible de recevoir divers grossissements que l'on emploie selon le but que l'on se propose et selon les circonstances atmosphériques, qui nuisent plus ou moins à l'observateur. L'objectif de la grande lunette de l'Observatoire de Paris mesure 38 centimètres de diamètre et le grossissement peut aller jusqu'à trois mille. L'observatoire de Pulkowa, près Saint-Pétersbourg, en possède une semblable. Cambridge aux États-Unis, possède la plus grande que l'on ait construite jusqu'à présent : elle mesure 47 centimètres d'ouverture.

On peut adapter à la lunette astronomique un oculaire composé de deux lentilles convergentes.

Cette modification redresse les images, et l'instrument peut dès lors servir aux observations terrestres. Il est alors désigné sous le nom de *longue-vue*, soit qu'on la tienne à la main, soit qu'on la garde fixée sur un pied, comme dans le cas de l'observation céleste. En mer, sur les côtes, en guerre, en voyage et jusque dans les maisons de campagne, cet instrument qui permet de distinguer à plusieurs lieues de distance, est fort agréable, lorsqu'il n'est pas d'une utilité supérieure même à son agrément.

Mais il est fort indiscret.

Arrivons maintenant aux télescopes.

Quoiqu'en vertu de son étymologie, ce nom ait d'abord été appliqué en général à tous les instruments destinés à l'observation des objets lointains, on a depuis longtemps consacré le nom de *lunettes* aux instruments que nous venons de décrire, et réservé celui de *télescope* à ceux dont nous allons parler.

Ce n'est plus simplement par un jeu de lentilles que l'on observe les astres dans les télescopes, mais par la combinaison des lentilles et des miroirs. Le premier de ces instruments fut inventé vers 1650 par Grégory. Il se compose d'un tube de cuivre. L'extrémité inférieure du tube, celle où se trouve l'oculaire dans les lunettes précédentes est formée par un miroir concave M, de métal, percé à son centre d'une ouverture circulaire. Si l'on suit la marche des rayons dans la coupe théorique que nous donnons de ce télescope, on observera que les rayons partis de A et de B viennent d'abord se réfléchir sur le miroir M ; de là, ils reviennent se réfléchir de nouveau sur le miroir *m*, et c'est là que l'œil placé à l'oculaire ménagé derrière le centre percé du grand miroir, regarde l'image.

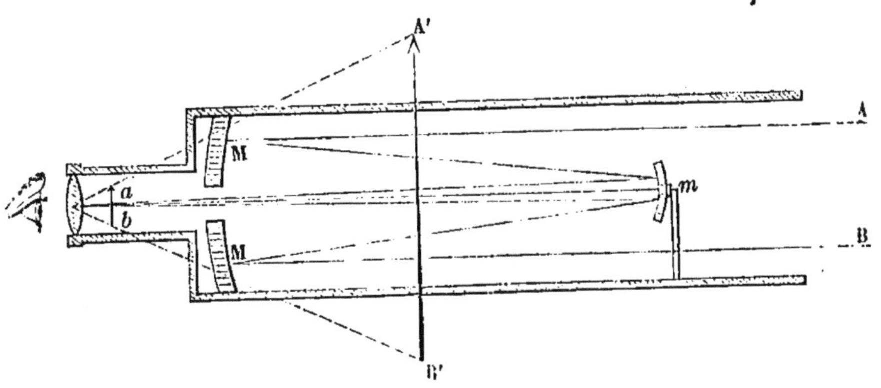

Fig. 44. — Coupe théorique du télescope Grégory.

La lentille de cet oculaire étant biconvexe amplifie cette image et la fait voir agrandie en A'B'. Le jeu réel des rayons est un peu plus compliqué, parce qu'il s'exerce suivant les foyers des miroirs, mais il revient à ce type général. Une tringle placée à droite de l'instrument et terminée par un bouton sert à la régler selon les vues. Monté sur pied et extérieurement, il ressemble fort à une lunette ordinaire. Mais on peut s'apercevoir immédiatement que c'est un télescope Grégory en remarquant l'absence de verre à l'extrémité du tube.

Fig. 45. — Telescope de Grégory

En étudiant le télescope de Grégory, Newton songea à lui substituer celui qui porte son nom, et dont la disposition diffère sensiblement du premier. Voici une coupe théorique de cet instrument, où la marche indiquée des rayons est réduite à sa plus grande simplicité, comme dans le cas précédent.

Les rayons lumineux viennent d'abord au fond du tube se réfléchir sur un grand miroir, lequel n'est plus percé à son centre, puis reviennent se réfléchir sur un petit miroir plan, incliné latéralement de 45 degrés vers un oculaire placé sur le côté du

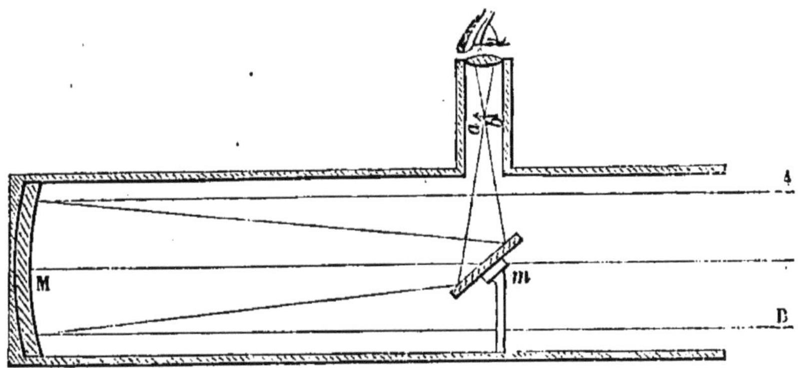

Fig. 46. — Coupe théorique du télescope de Newton.

tube. C'est donc là, *par côte* et à angle droit avec la direction des rayons qui émanent de l'astre, que l'observateur doit se placer. On croit voir l'image virtuelle et très-amplifiée, entre l'oculaire et le petit miroir. Ceux qui voient pour la première fois observer de cette manière ne manquent pas de s'étonner de la singulière position de l'observateur.

Nous reviendrons tout à l'heure à ce télescope

de Newton, abandonné pendant longtemps, mais remis en usage et en honneur depuis une dizaine d'années par les perfectionnements que M. Foucault lui a apportés. Avant d'en arriver à ces travaux récents, parlons des autres systèmes de télescopes qui succédèrent aux précédents

William Herschel construisit à la fin du siècle dernier celui qui porte son nom. Son but était principalement d'obvier à la déperdition de lumière qui se faisait dans les précédents par suite de la double réflexion. Il voulut observer directement l'image formée dans le miroir incliné au fond du tube de façon que l'image arrive au bord inférieur de l'extrémité ouverte du tube.

Là, l'observateur tourne le dos à l'astre qu'il examine, ce qui ne paraît pas moins singulier aux visiteurs qui sont témoin de ce fait pour la première fois. Cette position a l'inconvénient d'arrêter une portion des rayons lumineux qui doivent pénétrer dans l'instrument et qui sont masqués par la tête de l'astronome.

Les dimensions du télescope construit par Herschel étaient prodigieuses : il mesurait 40 pieds de long et 4 1/2 de diamètre. Pour soutenir l'instrument et le diriger, il avait fallu élever tout un système d'échafaudages, de poulies et de cordages. Son grossissement put être porté jusqu'à 6,000 fois. C'est par cet instrument que le grand astronome fit ses admirables découvertes dans le monde planétaire, et surtout dans le monde stellaire, où des étoiles doubles et des nébuleuses inconnues furent révélées ; c'est par le même instrument que son fils garda et accrut encore l'illustration de sa mémoire.

De même qu'en 1835, on alla jusqu'à dire qu'il

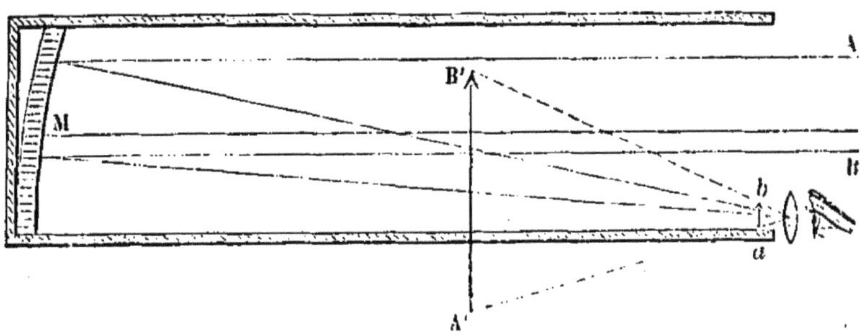

Fig. 47. — Coupe théorique du télescope de W. Herschel.

avait vu les habitants de la lune, de même on avait démesurément exagéré les dimensions du télescope d'Herschel. Les imaginations avaient été frappées de cet instrument, dit Lecouturier, non en raison des découvertes astronomiques auxquelles il avait donné lieu (ce dont on ne s'occupait qu'accessoirement), mais plutôt à cause de ses dimensions énormes, qui étaient de 39 pieds 4 pouces anglais (12 mètres) de longueur, et de 4 pieds 10 pouces (1m 47) d'ouverture.

De pareilles proportions étaient cependant bien mesquines auprès de celles que lui attribuaient les personnes qui ne l'avaient pas vu : un matin, le bruit se répandit dans Londres que l'illustre astronome de Slough venait de donner un bal dans le tuyau cylindrique de son télescope. Cette fantaisie parut pleine d'originalité, mais elle servit à faire considérer comme véritablement phénoménal l'instrument que l'on regardait déjà comme un colosse. Alors on n'essaya plus de lui assigner de proportions, parce que le tube que l'on avait pu transformer en salle de bal, pouvait être tout un édifice, toute une maison, ou même tout un corps de logis. .

La nouvelle du prétendu bal d'Herschel fut démentie ; il se trouva que l'on avait confondu le célèbre astronome avec un brasseur, et le grand télescope avec un grand tonneau à bière. Cet industriel avait eu l'idée de convier ses clients à une fête qu'il avait préparée dans l'intérieur d'un de ces tonneaux en bois, vastes comme des maisons, dans lesquels on conserve la bière à Londres.

Quelque désœuvré avait sans doute trouvé piquant de transporter à Slough le lieu de la fête, et de faire danser toute une société dans un tube de fer où un homme de la plus petite taille aurait eu de la peine à se tenir debout.

On était si prévenu en faveur du célèbre instrument d'Herschel, que le démenti ne fut pas accepté par tout le monde, et que longtemps après on parlait encore du singulier bal donné par le grand astronome.

Ce télescope était de ceux dits *à vue de face* (*front view telescopes*). L'image de l'astre venait se peindre sur un miroir concave, situé un peu obliquement au fond du tube, où l'astronome l'observait avec une loupe, ou à la simple vue, en se placant à l'extrémité antérieure et en tournant le dos aux objets. Le miroir concave de ce télescope pesait, à lui seul, plus de 1000 kilogrammes.

Pour faire mouvoir un instrument d'un pareil poids, Herschel fut obligé d'imaginer un mécanisme des plus compliqués, et se composant de toute une combinaison de mâts, d'échelles, de poulies et de cordages, comme le gréement d'un grand navire de guerre. Ce gigantesque appareil n'avait pas peu contribué à donner au télescope de Slough sa fantastique célébrité.

Le magnifique instrument ne fut pas aussi utile à la science qu'on serait porté à le croire. Herschel y appliqua, il est vrai, des grossissements de 3 à 6000 fois, mais ce ne fut que pour l'observation des étoiles les plus brillantes du ciel, quant aux planètes, elles donnaient trop de lumière réfléchie pour offrir des images nettes sous des amplifications aussi énormes. En 1802, le baron de Zach, prétendait même, dans sa *Corres-*

pondance mensuelle, que « cet instrument colossal n'avait été d'aucune utilité, qu'il n'a pas servi à une seule découverte, et qu'on doit le considérer comme un objet de pure curiosité. » Ce jugement est pour le moins exagéré.

Si l'on a tant parlé du télescope d'Herschel, que dira-t-on de celui dont lord Rosse a récemment doté l'astronomie, et qu'il a fait monter dans le parc de son château de Bir (Birrcastle), près Parsonstown, en Irlande? Autant il dépasse le premier par ses dimensions, autant il le dépasse par sa perfection. Le noble lord, sans crainte de déroger, comme beaucoup de ses compatriotes l'auraient cru, s'est astreint pendant des années, comme un simple manœuvre, au métier de forgeron et de polisseur de métaux : aussi, en travaillant de ses mains, et par des procédés de son invention, est-il parvenu à rendre son miroir presque totalement exempt d'*aberration de sphéricité*, c'est-à-dire que tous les rayons qui lui viennent d'un astre se réunissent presque mathématiquement dans un même foyer, d'où résulte la netteté des images. Dans une *Vie de Newton*, sir David Brewster s'écrie avec enthousiasme : « C'est une des plus merveilleuses combinaisons de la science et de l'art que le monde ait encore vues. »

Le tube de ce télescope véritablement colossal a 55 pieds anglais ($16^{m},76$) de longueur, et pèse

6,604 kilogrammes. Par sa forme, il pourrait être comparé à la cheminée d'un navire à vapeur de proportions énormes; il est terminé, en bas, par un renflement carré, espèce de boite qui renferme le miroir, dont le diamètre est de 6 pieds ($1^{m},83$), et le poids de 3,809 kilogrammes. Le poids total de l'appareil est de 10,413 kilogrammes, c'est-à-dire près de 4 fois le poids de celui d'Herschel.

Ce magnifique instrument établi sur une espèce de fortification oblongue, d'environ 75 pieds du nord au sud, y est placé entre deux murailles latérales à créneaux, hautes d'une cinquantaine de pieds, qui ont été construites des deux côtés pour servir de point d'appui au mécanisme destiné à le mouvoir dans toutes les directions du ciel. A ces murailles latérales sont adaptés des escaliers mobiles qui peuvent être amenés à l'ouverture du télescope, quelle que soit la position qu'il prenne.

Avec lui, on pénètre dans les profondeurs du ciel les plus incommensurables au delà de toute distance où l'œil ait jamais pénétré. On s'en est servi pour décrire la forme exacte de nébuleuses qui jusque-là n'avaient présenté que confusion. En ouvrant, en 1855, la session de l'Association britannique, à Glasgow, le duc d'Argyle disait: « Cet instrument, en agrandissant énormément le domaine de l'astronomie, a jeté quelque incertitude sur la généralité des lois qui régissent les corps célestes, et fait douter si les nébuleuses spirales obéissent bien réellement à ces lois. »

Il offre une telle clarté dans les images, qu'on l'applique aux corps célestes les plus rapprochés, aussi facilement qu'aux plus brillantes des étoiles fixes. En le dirigeant sur la lune, qui n'est éloignée de nous que d'une distance de 96,000 lieues, on a obtenu pour résultat de pouvoir explorer sa surface avec plus de régularité qu'il ne nous est permis d'explorer la surface de la terre.

Maedler, après avoir mesuré divers objets sur notre satellite, pensait, il y a quelques années, qu'on n'aurait pu y apercevoir de la terre un monument semblable à la grande pyramide d'Égypte. Aujourd'hui, avec l'œil astronomique du télescope de lord Rosse, nous voyons son disque de beaucoup plus près, car, suivant le docteur Robinson, on y distingue très-nettement un espace de 220 pieds.

Cette énorme pupille de 6 pieds de diamètre nous permet d'embrasser toute la surface de la lune, tournée vers nous, aussi facilement qu'avec le nôtre nous embrassons tout l'ensemble d'un paysage terrestre. « Le télescope de lord Rosse, dit M. Babinet, ne rendrait pas sans doute visible un éléphant lunaire ; mais un troupeau d'animaux analogue aux troupeaux de buffles de l'Amérique serait très-visible. Des troupes qui marcheraient en ordre de bataille y seraient très-perceptibles. Les constructions, non-seulement de nos villes, mais encore de monuments égaux aux nôtres, n'échapperaient pas à notre vue. L'Observatoire de Paris, Notre-Dame et le Louvre, s'y distingueraient facilement, et encore mieux les objets étendus en longueur, comme le cours de nos rivières, le tracé de nos canaux, de nos remparts, de nos routes, de nos chemins de fer, et enfin de nos plantations régulières. »

Le télescope de lord Rosse est le plus grand télescope qui ait encore jamais été construit. Il a coûté, dit-on, à son noble inventeur 25,000 livres sterling (300,000 francs). Mais ce n'est pas un instrument de luxe pour l'habile observateur : on lui doit la découverte des plus belles nébuleuses et des plus splendides créations sidérales que l'œil mortel ait jamais entrevues dans les campagnes inaccessibles du ciel[1].

Nous devons terminer ce chapitre par la nouvelle construction dont nous avons parlé plus haut à propos du télescope de Newton : par les perfectionnements qui lui ont été récemment apportés, grâce aux soins et à l'habileté de M. Léon Foucault.

Au lieu d'être en métal, le miroir du fond est

[1] Voy *Les Merveilles célestes*, liv. Ier

construit en verre et sort de la fabrique de Saint-Gobain. Après avoir été dégrossis et amincis à la courbure sphérique, ils entrent aux ateliers de M. Secrétan, le savant opticien de l'Observatoire. Le dernier degré de précision leur est donné par M. Foucault qui, le polissoir à la main, par une série d'épreuves optiques successives et de retouches locales, amène leur surface à être exempte de tout défaut.

Lorsque le miroir est parfaitement poli, on l'argente sur sa surface concave. Il est plongé dans un bain d'argent dans lequel, outre le nitrate d'argent fondu, on a fait entrer du nitrate d'ammoniaque, de la gomme galbanum et de l'essence de girofle. Moins d'une demi-heure de bain suffit pour faire déposer une couche d'argent d'épaisseur convenable : on achève de polir cette couche, et, dans cette condition, le miroir réfléchit 75 pour 100 de la lumière incidente. La substitution du miroir parabolique de verre argenté aux miroirs sphériques de métal offre un triple avantage : images plus pures, poids plus léger, longueur moindre. La figure ci-contre représente le grand télescope à miroir de verre argenté, construit pour le nouvel observatoire de Marseille. Il mesure 80 centimètres d'ouverture, 5 mètres de longueur focale. et fonctionne à l'aide d'un mouvement d'horlogerie à régulateur isochrone. Le jeu des rayons est le même que dans celui de Newton, et c'est également à l'extrémité latérale du tube que se

Fig. 48. — Grand télescope de Foucault.

place l'observateur, à l'aide d'un escalier mobile.

L'opticien à qui l'on doit la construction du télescope Foucault, M. Secrétan, a dernièrement fait une sorte de réduction de ce grand instrument ; c'est un nouveau modèle plus petit, et plus accessible par son prix aux amateurs d'observations astronomiques. Voici la description de ce petit instrument :

La partie principale du télescope est le miroir, qui a 10 centimètres de diamètre et 60 seulement de longueur focale. Le corps, de forme cylindrique, entièrement en cuivre bronzé, repose, par deux tourillons montés perpendiculairement à son axe de figure, sur deux montants en fonte de fer d'une grande solidité. Ces deux montants reposent à leur tour sur un plateau à centre et sont de hauteur suffisante pour laisser passer librement le corps de l'instrument.

En dévissant simplement un écrou, toute cette partie supérieure de la monture peut se transporter et se fixer soit sur un pied en fonte et à colonnes pour observer assis, soit sur un pied en bois et à six branches pour observer debout. Un chercheur à monture rectifiable a été placé sur le corps du télescope, pour faciliter le pointage dans le cas de recherches astronomiques.

Cet instrument est du reste très-propre à l'étude du ciel, car non-seulement les observations au zénith, ou près du zénith se font sans aucune gêne, mais il supporte un grossissement de 220 diamètres, ce qui permet d'observer les montagnes de la lune, les phases de Mercure, de Vénus,

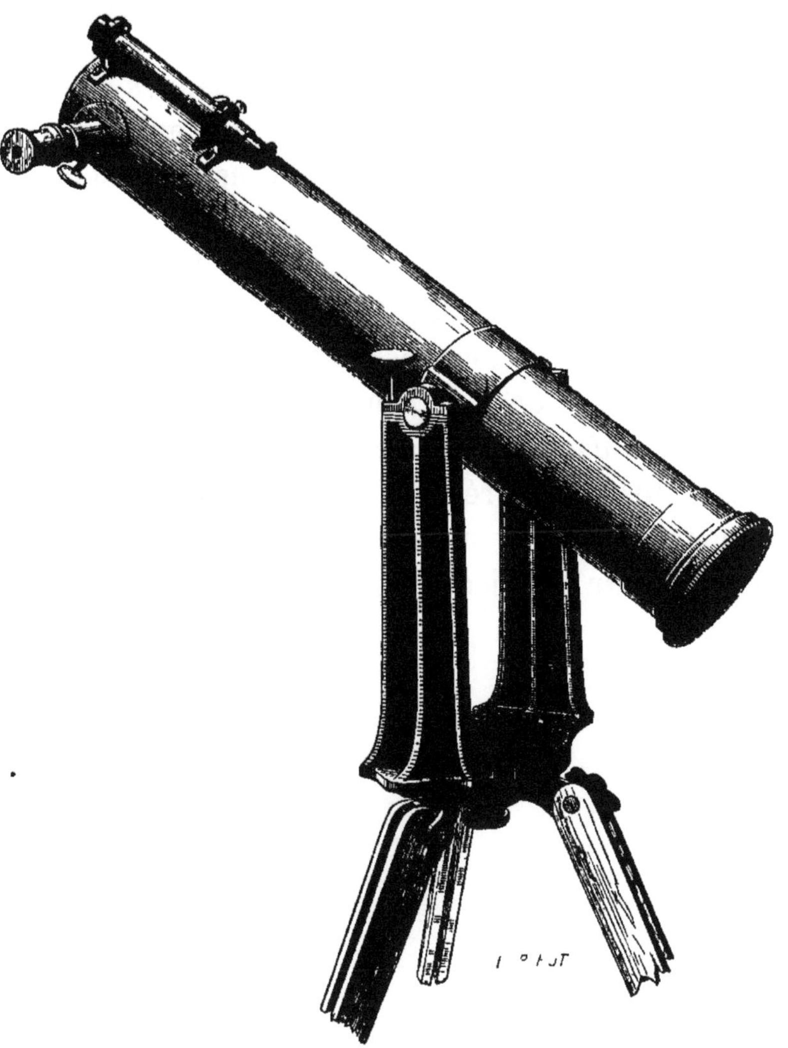

Fig 49 — Petit télescope Foucault.

Saturne et son anneau, Jupiter et ses satellites,

un assez grand nombre d'étoiles doubles, de nébuleuses, etc., etc.

Comme les conditions atmosphériques sont souvent mauvaises pour l'emploi des grossissements puissants, et que d'ailleurs l'instrument est aussi destiné aux observations terrestres, on l'a accompagné d'un jeu de cinq oculaires de pouvoirs différents. Le plus faible est de 50, puis 100, 180, et enfin 220, ce qui correspond au grossissement d'une lunette de 11 centimètres d'ouverture huit fois plus volumineuse.

La figure 49 représente ce nouvel instrument; on peut le monter sur un pied élevé, à six branches, ou sur un pied plus petit, pour observer assis.

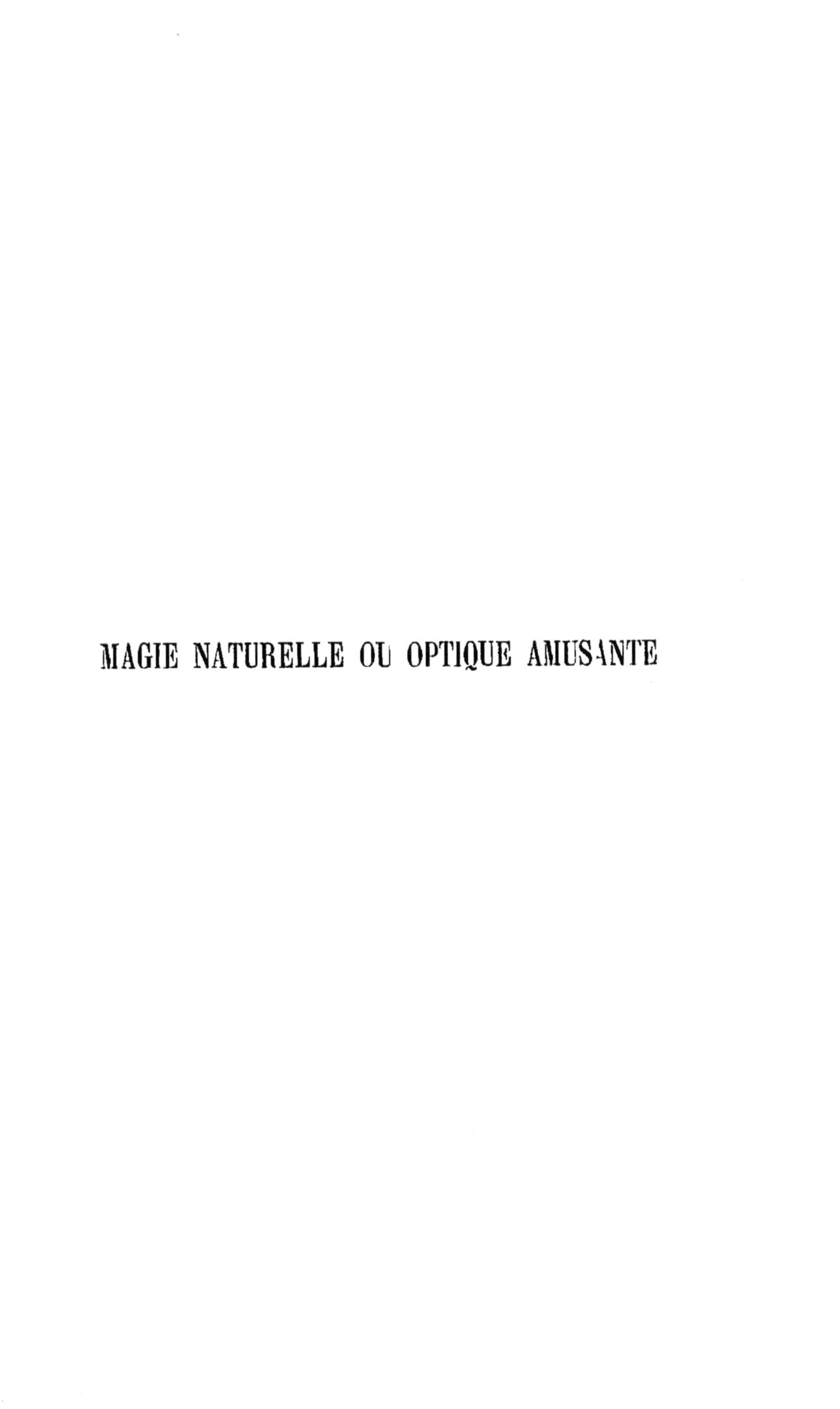

MAGIE NATURELLE OU OPTIQUE AMUSANTE

Les illusions dont nous avons parlé dans la première partie dépendaient de la nature même de la vision et l'homme en était la victime insouciante. Nous allons faire comparaître ici des illusions plus étonnantes encore que celles-là, mais qui ne dépendent plus de sa constitution propre. Au lieu de se tromper personnellement, les hommes se trompent ici les uns les autres, au lieu d'être des sources d'erreur, ces illusions seront des instruments d'imposture ou d'amusement (ce qui vaut mieux).

Lorsque nous disons : *seront* des instruments d'imposture, nous devrions plutôt dire *ont été*. Car nous devons être animés de l'espérance légitime de voir l'humanité s'élever sans cesse à un progrès plus éclairé, à une science mieux fondée, à ne plus se laisser tromper par des forces dont elle est souveraine au lieu d'en être l'esclave ; et d'un autre côté, lorsque nous regardons en arrière, nous assistons à une longue suite de déceptions pratiquées par les faux prêtres de l'antiquité, pour dominer le troupeau des âmes faibles, ignorantes et craintives.

Il est démontré que les miroirs métalliques plans et concaves, dont nous avons décrit les propriétés, étaient connus des anciens. Un passage de Pline pourrait même inviter à croire que l'on fabriquait des miroirs de verre à Sidon. Aulu-Gelle, citant Varron, parle des propriétés réfléchissantes des miroirs creux. Nous signalerons plus loin, au chapitre des récréations, les singulières illusions d'optique que l'on peut engendrer par un simple jeu de miroirs plans. Mais auparavant consacrons quelques instants aux faits historiques curieux qui se rattachent aux propriétés de la lanterne magique, et qui précèdent la construction moderne de cet instrument par le P. Kircher. Écoutons ce qu'en dit Brewster.

On ne peut guère douter, dit-il, que le miroir concave était le principal instrument de l'apparition des dieux dans les anciens temples. Dans les récits imparfaits que l'on nous a transmis de ces apparitions, on retrouve la trace d'une illusion optique. Dans l'ancien temple d'Hercule, à Tyr,

Pline raconte qu'il y avait un siége fait d'une pierre consacrée « d'où les dieux s'élevaient aisément. » Esculape se montrait souvent à ses adorateurs dans son temple, à Tarse, et le temple d'Enguinum, en Sicile, était célèbre comme le lieu où la divinité se montrait aux mortels. Jamblique nous rapporte que les anciens magiciens faisaient apparaître les dieux parmi les vapeurs dégagées du feu ; et quand le conjurateur Marinus terrifiait son auditoire, en faisant voir la statue d'Hercule au milieu d'un nuage d'encens, c'était sans doute l'image d'une femme vivante, affublée du costume d'Hercule.

Le caractère de ces spectacles dans les anciens temples est si admirablement tracé dans le passage suivant de Damasius, rapporté par Salverte, que l'on y reconnaît tous les effets d'optique que nous devons décrire. Dans une manifestation, dit-il, « que nous ne devons pas révéler, il parut sur le mur du temple une masse de lumière, qui d'abord, sembla très-éloignée, elle se transforma en approchant en une figure évidemment divine et surnaturelle, d'un aspect sévère, tempéré par la douceur, et d'une beauté parfaite. Suivant les institutions d'une religion mystérieuse, les habitants d'Alexandra l'honoraient comme Osiris et Adonis. »

Parmi les exemples modernes de cette illusion,

on peut citer celui de l'empereur Basile, de Macédoine : inconsolable de la perte de son fils, ce souverain eut recours aux prières du pontife Théodore Lantabaren, qui était célèbre pour son pouvoir de faire des miracles. Le prêtre conjurateur lui montra l'image de son fils magnifiquement habillé, et monté sur un superbe cheval de bataille, le jeune homme en descendit pour aller à son père, se jeta dans ses bras et disparut. Salverte observe judicieusement que cette déception n'a pu être faite par une personne dont la figure eût ressemblé à celle du jeune prince, car cette ressemblance même d'une personne existante, et si remarquable surtout à raison de l'apparition, n'eût pu manquer d'être découverte et dénoncée, même quand on aurait pu expliquer comment le fils s'était instantanément soustrait aux embrassements de son père. L'empereur vit sans doute l'image aérienne d'un portrait de son fils à cheval, et comme la peinture était fort près du miroir, l'image avança dans ses bras, quand elle évita son étreinte affectionnée en disparaissant.

Cette allusion aux opérations de l'ancienne magie et d'autres, quoique indiquant suffisamment les moyens employés, est trop incomplète pour donner une idée du spectacle splendide et imposant que l'on déployait dans les grandes cérémonies. Un système de déception, employé comme moyen de gouvernement, doit avoir mis en réquisition, non pas seulement l'adresse des savants de l'époque, mais bien une foule d'accessoires, calculés pour étonner et confondre le jugement, fasciner les sens, et faire prédominer enfin l'imposture particulière que l'on voulait établir. On peut supposer la grandeur des moyens par leur efficacité et par l'étendue de leur influence.

Nous pouvons suppléer a ce qui nous manque à cet égard par un récit de nécromancie moderne qui nous a été laissé par Benvenuto Cellini, qui jouait lui-même un rôle actif dans cette magie.

« Il arriva, dit-il, par une suite d'incidents, que je fis connaissance d'un prêtre sicilien, homme de génie, très-versé dans la connaissance des auteurs grecs et latins. Un jour, que la conversation se tourna sur l'art de la nécromancie, je lui dis que j'avais le plus grand désir de connaître quelque chose à cet égard, et que je m'étais senti toute la vie une vive curiosité de pénétrer les mystères de cet art.

« Le prêtre me répondit qu'il fallait être d'un caractère resolu et entreprenant pour étudier cet art, et je répliquai que je ne manquais ni de courage ni de résolution, pour peu que j'eusse l'occasion de m'instruire Le prêtre ajouta : Si vous avez le cœur d'essayer, je vous procurerai cette satisfaction, nous convînmes alors d'un plan d'étude de nécromancie. Un soir, le prêtre se prépara à me satisfaire, et désira que j'emmenasse un ou deux compagnons; j'invitai Vincenzio Romoli, qui était mon intime ami, et qui amena avec lui un habitant de Pistoie qui lui-même cultivait l'art de la magie noire. Nous nous rassemblâmes au Colisée, et le prêtre, suivant l'usage des nécromanciens, commença à décrire des cercles sur la terre, avec les cérémonies les plus imposantes, il avait apporté là de l'assa-fœtida, divers parfums précieux et du feu, avec quelques compositions qui répandaient des miasmes infects. Dès que tout fut près, il fit une ouverture au cercle, et nous ayant pris par la main, il ordonna à l'autre nécromancien son compère, de jeter des parfums dans le feu au moment convenable, lui laissant le soin d'entretenir le feu, et d'y jeter les parfums jusqu'à la fin, alors commencèrent les conjurations. Cette cérémonie durait depuis une heure et demie, quand apparurent plusieurs légions de démons en si grand nombre, que l'amphithéâtre en fut entièrement rempli. J'étais affairé avec les parfums, quand le prêtre, s'apercevant qu'il y avait un grand nombre d'esprits infernaux, se tourna vers moi et me dis : Benvénuto, demande-leur quelque chose? — Je répondis · qu'ils me transportent en compagnie de ma maîtresse sicilienne Angélica. Cette nuit, je n'obtins aucune réponse, mais je fus très-satisfait d'avoir poussé si loin ma curiosité. Le magicien me dit qu'il fallait que nous vinssions une seconde fois, m'assurant que l'on satisfairait à toutes mes demandes, mais qu'il fallait emmener avec moi un enfant pur et immaculé.

« Je pris avec moi un jeune garçon de douze ans, que j'avais à mon service, Vincenzio Romoli, qui m'avait accompagné la première fois, et Agnolino Guddi, ami intime que je choisis de même pour assister à la cérémonie. Quand nous arrivâmes au lieu désigné, le prêtre ayant fait les mêmes préparatifs que l'autre fois avec les mêmes cérémonies, et quelques exorcismes encore plus puissants, nous plaça dans le cercle qu'il avait de même tracé avec un art plus puissant et d'une manière plus solennelle encore qu'à notre première entrevue. Alors, ayant laissé le soin d'entretenir le feu et les parfums à mon ami Vincenzio, aidé par Agnolino Guddi, il me mit en main un petit tableau ou charte magique, m'ordonnant de le tourner vers le lieu qu'il me désignerait, l'enfant restant sous le tableau, le magicien ayant commencé à faire ses invocations terribles, appela par leurs noms une multitude de démons qui étaient les chefs de différentes légions, et il les questionna, par le pouvoir du Dieu éternel et incréé, qui vit pour toujours, en langage hébraïque, latin et grec ; si bien qu'en un instant, l'amphithéâtre fut rempli de démons encore plus nombreux qu'à la première conjuration. Vincenzio Romoli était occupé à faire le feu, avec l'aide d'Agnolino, et y brûlait une grande quantité de parfums précieux. Je désirai encore, sur l'avis du magicien, me retrouver en compagnie de mon Angélica. Sachez, me dit-il en se tournant vers moi, qu'ils ont déclaré qu'avant un mois, vous vous retrouverez en sa compagnie.

« Alors, il me recommanda de me tenir ferme à lui, parce que les légions étaient maintenant plus de mille au-dessus du nombre qu'il avait désigné, et des plus dangereuses d'ailleurs ; ensuite, qu'après avoir répondu à ma question, il était avantageux d'être poli avec eux, et de les renvoyer tranquillement. L'enfant, sous le tableau, avait une terrible frayeur, disant qu'il y avait sur la place un million d'hommes féroces, qui s'efforçaient de nous exterminer ; et que quatre géants armés, d'une énorme stature, s'efforçaient de rompre notre cercle. Pendant que le magicien, tremblant de crainte, tâchait, par des moyens doux et polis, de les renvoyer du mieux qu'il pouvait, Vincenzio Romoli tremblait comme la feuille, en prenant soin des parfums. Quoique je fusse plus effrayé qu'aucun d'eux, je tâchais de cacher la terreur que je ressentais, et je contribuais ainsi puissamment à les armer de résolution, mais la vérité est que je me regardais comme un homme perdu, voyant l'horrible pâleur du magicien. L'enfant plaça sa tête entre ses genoux et dit : Je mourrai dans cette posture, car nous périrons tous sûrement. Je lui dis que tous ces démons étaient au-dessous de nous, et que ce qu'il voyait n'était que de la fumée et de l'ombre ; je lui ordonnai donc de lever la tête et de prendre courage. Il ne l'eut pas plutôt relevée qu'il s'écria : « Tout l'amphithéâtre est en feu, et le feu vient sur nous. » Couvrant alors ses yeux avec ses mains, il s'écria de nouveau : que cette destruction était inévitable et qu'il désirait ne pas les voir davantage. Le magicien m'encouragea à avoir bon cœur, et à prendre soin de brûler des parfums plus convenables ; sur quoi je me retournai vers Romoli, et je lui ordonnai de brûler les parfums les plus précieux qu'il eût. En même temps, je jetai les yeux sur Agnolino Guddi, qui était si terrifié qu'il pouvait à peine distinguer les objets, et semblait avoir perdu la tête Le voyant ainsi, je lui dis : « Agnolino, dans ce cas, un homme ne doit pas montrer de crainte, mais s'évertuer à prêter assistance ; marche donc, et mets-en davantage. » Les effets de la crainte du pauvre Agnolino l'emportèrent. L'enfant, entendant nos pétillements, se hasarda à lever la tête davantage, et me voyant rire, il reprit courage, en disant que les démons s'enfuyaient avec leur vengeance.

« Nous restâmes ainsi jusqu'à ce que les cloches sonnèrent les prières du matin. L'enfant nous dit encore qu'il ne restait plus que quelques démons, et qu'ils étaient fort loin. Tandis que le magicien achevait le reste de ses cérémonies, il ôta sa robe et prit une besace pleine de livres qu'il avait apportés avec lui.

« Nous sortîmes ensemble du cercle, nous tenant aussi serrés que possible, et l'enfant qui s'était placé au milieu, tenant le magicien par sa robe, et moi par mon manteau. Pendant que nous retournions chez nous, dans le quartier Banchi, l'enfant nous dit que deux des démons que nous avions vus dans l'amphithéâtre allaient devant nous, sautant et gambadant, quelquefois courant sur le toit des maisons et quelquefois sur la terre. Le prêtre déclara que, quoiqu'il fût souvent entré dans des cercles magiques, rien d'aussi extraordinaire ne lui était jamais arrivé. Comme nous marchions, il voulut me persuader de l'assister à consacrer une source d'où, me dit-il, découleraient pour nous d'immenses richesses. Nous demanderons aux démons, disait-il, de nous découvrir les divers trésors qui abondent dans le sein de la terre, et qui nous mèneront à l'opulence et au pouvoir; mais quant à vos amourettes, ce sont pures folies dont on ne peut espérer aucun bien. Je lui répondis que j'accepterais sa proposition volontiers, si je comprenais le latin. Il redoubla ses instances, en m'assurant que la connaissance de la langue latine n'était pas nécessaire. Il ajouta qu'il ne manquait pas d'écoliers latinistes, s'il pensait qu'il y en eût d'assez dignes pour qu'il y eût recours ; mais qu'il n'avait jamais rencontré un compagnon de résolution et d'intrépidité égal à moi, et qu'il voulait en tout suivre mes avis. Pendant que nous conversions ainsi, nous arrivâmes à nos loges, et le reste de la nuit, nous ne rêvâmes que de démons. »

Il est impossible de suivre la description précédente, remarque Brewster, sans etre convaincu que les légions de diables n'étaient produites par aucune influence sur l'imagination des spectateurs, mais bien par des phénomènes optiques, images de peintures reproduites par un ou plusieurs miroirs concaves. On allume un feu, on brûle des parfums et de l'encens pour créer un champ de vue aux images, et les spectateurs sont rigoureusement renfermés dans l'enceinte du cercle magique. Le miroir concave et les objets qu'on lui présente, ayant été placés de manière que les personnes placées dans le cercle ne puissent pas voir l'image aérienne des objets par les rayons que réfléchit directement le miroir, l'œuvre de déception est préparée. Le cortége

14

du magicien sur son miroir n'était même pas nécessaire. Il prit sa place avec les autres dans le cercle magique. Les images des démons étaient toutes distinctement formées dans l'air, immédiatement au-dessus du feu; mais aucune d'elles ne pouvait être vue par les spectateurs renfermés dans le cercle. Au moment d'ailleurs où les parfums étaient jetés dans le feu pour produire de la fumée, le premier nuage de fumée qui s'élevait à la place d'une ou de plusieurs images, les eût réfléchies aux yeux du spectateur, pour disparaître, si le nuage n'eût pas été suivi d'un autre; les images étaient rendues de plus en plus visibles : à mesure que de nouveaux nuages s'élevaient; leur groupe entier apparaissait lorsque la fumée était uniformément répandue sur la place occupée par les images.

Les compositions qui répandaient des odeurs infectes avaient pour but d'enivrer et de stupéfier les spectateurs, de manière à accroître l'illusion; ou bien à ajouter les symptômes de leur imagination à ceux que les miroirs présentaient à leurs yeux. Mais il est difficile d'assigner quels étaient ceux que l'œil voyait réellement, et ceux que l'imagination rêvait. Il est presque évident que l'enfant, aussi bien qu'Agnolino Guddi, étaient tellement terrifiés qu'ils s'imaginaient voir ce qu'ils ne voyaient pas; mais quand l'enfant déclarait que quatre géants énormes et armés étaient prêts à rompre le cercle, il donnait une description exacte de l'effet produit par le rapprochement des figures contre le miroir qui, grandissant alors leurs images, semblait les faire avancer vers le cercle.

Soit que nous supposions que le magicien avait une lanterne magique régulière, ou bien un miroir concave dans une boite contenant des figures de démons, et que cette boite avec sa lumière avait été apportée par lui, nous nous rendons également compte du dire de l'enfant, que pendant qu'ils revenaient chez eux dans le quartier Banchi, *deux des démons qu'ils avaient vus dans l'amphithéâtre marchaient devant en sautant et bondissant, courant quelquefois sur les toits, et quelquefois sur le sol.*

L'introduction de la lanterne magique a pourvu les magiciens du dix-septième siècle de l'instrument d'optique le plus convenable à leurs tours. L'usage du miroir concave, qui ne paraît pas avoir été même mis sous forme d'instrument, exigeait un appartement séparé, ou du moins une cachette difficile à trouver dans les circonstances ordinaires; mais la lanterne magique, qui dans un petit espace renferme sa lampe, ses lentilles et ses figures, est particulièrement appropriée aux besoins du sorcier, qui n'avait jamais eu jusque-là d'appareil aussi commode, aussi portatif et aussi fàcile à placer en tout lieu.

La lanterne magique représentée dans les figures 50 et 51 se compose d'une lanterne sourde, contenant une lampe et un miroir concave métallique, construit de manière que pas un des rayons de la lampe ne peut manquer de le frapper. Dans le côté de la lanterne glisse un double tube CD, dont l'une

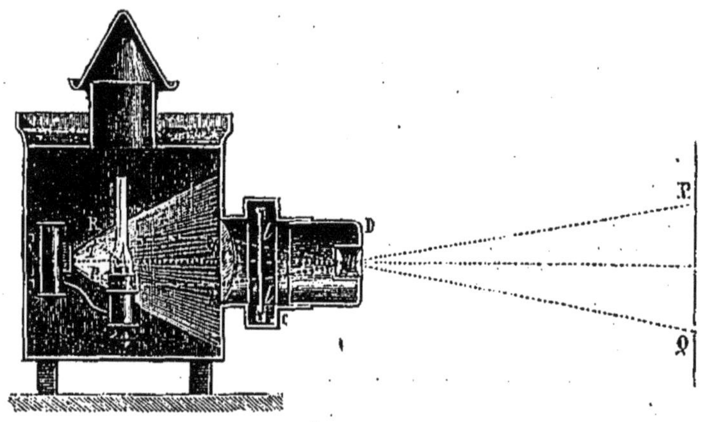

Fig. 50. — Coupe d'une lanterne magique.

des deux moitiés D se meut dans l'autre. Une grande lentille plano-convexe *c* est fixée à l'extrémité intérieure du double tube, et une petite lentille convexe *d* l'est à son extrémité extérieure; au tube fixe CE s'ajuste une coulisse *bb* dont la rainure sert à recevoir les verres peints qui peuvent s'y mouvoir. Ces verres sont peints avec de fortes couleurs bien transparentes, et l'on peut en avoir

Fig. 51. — Lanterne magique.

des séries de rechange. La lumière directe de la lampe G, et la lumière réfléchie par le miroir, arrivant sur la lentille *c*, y sont concentrées de manière à projeter une lumière brillante sur la peinture placée dans la coulisse, et comme cette peinture se trouve au foyer conjugué de la lentille convexe *d*, son image grossie se reproduit sur le mur blanc ou sur la toile blanche PQ.

On voit sans peine, d'après cette description, que le point important est d'avoir une source de lumière derrière le verre coloré, et que, selon la remarque de la Fontaine : « Il ne faut jamais oublier d'éclairer sa lanterne. »

II

FANTASMAGORIE

C'est de la lanterne magique, reconstruite[1] il y a deux cents ans par le célèbre jésuite Kircher, que nous est venue la fantasmagorie. Ce dernier appareil ne diffère, en effet, du premier que par le jeu dont les images peuvent être douées, et par la position des spectateurs, qui sont placés de

[1] On attribue toujours la lanterne magique au P. Kircher; mais lui même nous apprend qu'elle n'est pas de son invention. « Ego sane memini me, dit-il, ea et methodo Christi D. N. crucifixionem exacte in obscuro loco repræsentatam vidisse. Hac methodo Rudolpho II° imperatori, ab insigni mathematico, omnes prædecessores Romanos Cæsares a Julio Cæsare ad Mauritium usque recta specie repræsentatas esse ita ad vivum ut quotquot præsentes fuerint, id magica arte aut necromantica adjuratione fieri putaverint, a magni nominis viro huic spectaculo præsente, accepi. » (*Ars magna lucis et umbræ*, II, p. 94; 1675.) Kircher perfectionna seulement cette invention primitive.

l'autre côté de la toile sur laquelle les images sont reçues, au lieu d'être placés entre cette toile et la lanterne.

Examinons de suite en quoi consiste cet appareil.

On a monté sur une table à roulettes, nommée chariot, la boîte en bois représentée sur cette figure, renfermant une lampe à réflecteur dont le

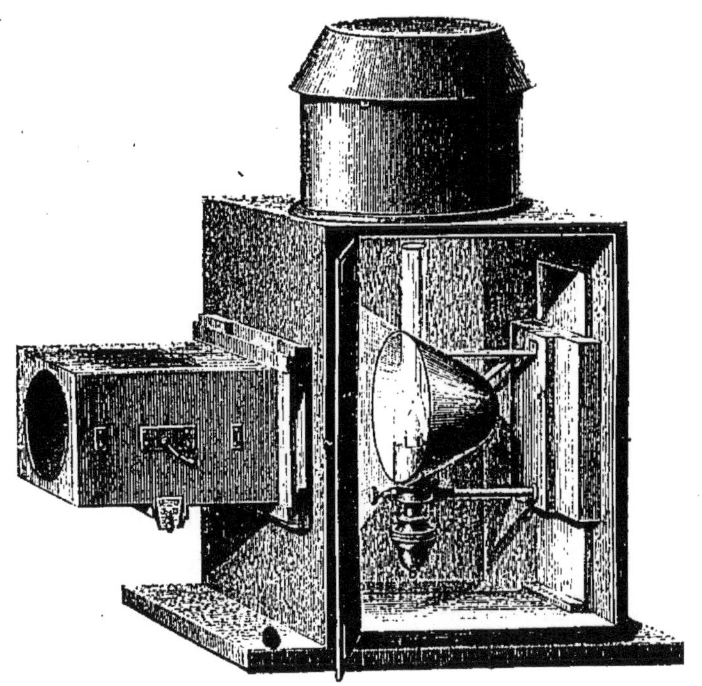

Fig. 52. — Fantasmagorie.

faisceau lumineux est dirigé vers l'axe du tuyau dans lequel la manivelle fait mouvoir un mécanisme particulier qui va être décrit tout à l'heure. Le cheminée sert au dégagement des produits de la combustion. La figure 55 montre l'intérieur du tuyau. Entre ce tuyau et le corps de la lanterne il existe un intervalle vide dans lequel on glisse le tableau transparent où sont représentées les images qui doivent apparaître sur le rideau blanc. Les rayons lumineux projetés par le réflecteur traversent un verre plan convexe dont la partie plate est tournée vers le tableau. Au devant est un verre bi-convexe, l'*objectif*, fixé sur un diaphragme que l'on peut faire avancer ou reculer à volonté dans le tuyau, au moyen d'une manivelle à engrenage. Au diaphragme, il y a deux fils qui sont fixés, premièrement aux deux extrémités d'un ressort arqué, et ensuite aux deux écrans. En dernier lieu, ils sont passés par le trou, de manière que, si l'on tire les deux fils par-dessus, les deux écrous diminuent l'ouverture de l'objectif et peuvent même le fermer complétement. C'est en rapprochant ou en éloignant de la toile l'appareil, et en combinant ce mouvement avec celui de la manivelle réglant le foyer des verres, que l'on rapetisse ou que l'on agrandit à volonté les images. Les images sont peintes sur verre avec des couleurs transparentes, et les verres ont ordinairement 3 pouces. Il est nécessaire, pour que l'illusion soit parfaite, que les spectateurs soient placés dans une pièce dont l'obscurité est complète. La toile les sépare de l'opérateur, qui se trouve par derrière avec son instrument. Cette toile est dissimulée par un rideau d'étoffe épaisse et très-foncée. Le tout ainsi disposé, les spectateurs n'ont pas conscience de la distance absolue,

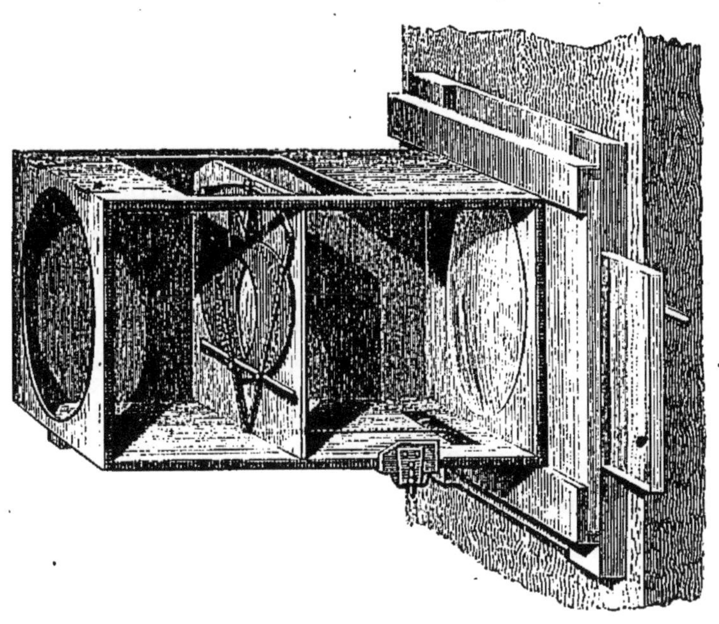

Fig. 53. — Fantascope.

parce qu'ils ne distinguent aucun objet intermédiaire, ce qui fait qu'ils ne peuvent se défendre d'une illusion extraordinaire. On ne leur montre d'abord qu'une image bien petite dans les ténèbres, comme un point lumineux très-éloigné, puis l'image se développant peu à peu, semble avancer à grands pas et même se précipiter sur les spectateurs. Le phénomène de division est vraiment remarquable, car la connaissance des lois de l'optique et celle du mécanisme ne sauraient nous soustraire à l'illusion produite.

Robertson pense que, pour opérer, il faut pouvoir disposer d'une salle de 60 à 80 pieds de long sur 24 au plus de largeur ; elle doit être peinte ou tendue en noir. Le côté de cette salle destiné aux appareils exige un espace de 25 pieds sur la longueur. Cette partie sera séparée du public par un rideau blanc de percale fine bien tendu, qu'il faut provisoirement dissimuler à la vue des spectateurs par un rideau d'étoffe noire. Le rideau de percale, d'au moins 20 pieds carrés, et sur lequel doivent se réfléchir toutes les images, sera enduit d'un vernis composé d'amidon, blanc et de gomme arabique choisie, afin de le rendre légèrement diaphane.

Il est convenable que le parquet de la partie réservée aux expériences soit élevé de 4 à 5 pieds au-dessus du sol, afin que les apparitions soient visibles dans tous les coins de la salle.

C'est à Robertson que l'on doit la plus grande partie des perfectionnements apportés à la fantasmagorie. L'éclat que ses premières séances produisirent à Paris, sous la Révolution, est peut-être unique dans l'histoire ; il dépasse le mystérieux enthousiasme que Cagliostro et Mesmer avaient su éveiller autour de leur nom. L'esprit dans lequel agissait notre physicien était tout opposé au leur, et loin de chercher à répandre l'obscurité autour de ses actions, il s'efforçait au contraire d'établir, aux yeux de tous, l'absence de toute cause occulte et l'action seule de procédés scientifiques. Nous rappellerons tout à l'heure à notre mémoire l'une de ces séances qui faisaient oublier les préoccupations si ardentes de cette époque; mais auparavant nous laisserons l'auteur nous donner confidentiellement une idée des sentiments qui ne cessèrent de l'inspirer.

« Dès ma plus tendre enfance, dit-il dans ses *Mémoires*, mon imagination vive et passionnée m'avait soumis à l'empire du merveilleux; tout ce qui franchissait les bornes ordinaires de la nature, qui ne sont, à différents âges, que les bornes de nos connaissances particulières, excitait en mon esprit une curiosité, une ardeur, qui me portaient à tout entreprendre pour réaliser les effets que j'en concevais. Le P. Kircher, dit-on, croyait au diable, tant pis. L'exemple pourrait être contagieux, car le P. Kircher était doué d'une si grande instruction que bien des gens seraient tentés de penser que s'il croyait au diable il avait de bonnes raisons pour cela. Mais comme l'écrivain qui lui a reproché cette crédulité n'a point cité les passages où se trouve cette confession, et que je ne l'ai point vérifié, je ne prends pas la chose au sérieux. Qu'est-ce qui n'a pas cru au diable et aux loups-garous dans ses premières années! Je l'avoue franchement, j'ai cru au diable, aux évocations, aux enchantements, aux pactes infernaux, et même au balai des sorcières; j'ai cru qu'une vieille femme, ma voisine, était, comme chacun l'assurait, en commerce réglé avec Lucifer. J'enviais son pouvoir et ses relations; je me suis enfermé dans une chambre pour couper la tête d'un coq, et forcer le chef des démons à se montrer devant moi; je l'ai attendu pendant sept à huit heures, je l'ai molesté, injurié, conspué de ce qu'il n'osait point paraître : « Si tu existes, m'écriais-je en frappant sur une table, sors d'où tu es, et laisse voir tes cornes, sinon je te renie, je déclare que tu n'as jamais été. » Ce n'était point la peur, comme on le voit, qui me faisait croire à sa puissance, mais le désir de la partager, pour opérer aussi des effets magiques. Les livres de magie me tournaient la tête. La *Magia naturalis* de Porta, et les *Récréations* de Midorge me donnaient surtout des insomnies. Je pris enfin un parti très-sage. Le diable refusant de me communiquer la science de faire des prodiges, je me mis à faire des diables, et ma baguette n'eut plus qu'à se mouvoir pour forcer tout le cortége infernal à voir la lumière. Mon habitation devint un vrai *Pandemonium*.

« Il n'y a plus, a-t-on dit depuis longtemps, que nos grand'mères qui croient au diable et à ses œuvres; malheureusement cette assertion n'est pas exacte, et la plupart de nos campagnes seraient encore tributaires de l'empire de tout homme fourbe qui prétendrait l'exercer sur leur crédulité. On s'est beaucoup moqué de la superstition des anciens; on a recueilli des faits nombreux, capables de faire honte à leur intelligence, et de donner, pour ainsi dire, un démenti à leur civilisation. Eh bien, je soupçonne que si l'on réunissait les contes de revenants, les trouvailles surnaturelles, les apparitions miraculeuses, les publications de ce singulier commerce épistolaire entre le ciel et la terre, si l'on réunissait, dis-je, toutes les histoires de cette nature qui ont eu cours un instant dans nos hameaux et dans nos villages, seulement depuis la Révolution, devant laquelle tant de ténèbres se sont cependant dissipées, le recueil n'en serait pas moins volumineux que celui des miracles de l'antiquité.

« Un autre avantage précieux des phénomènes prétendus surnaturels, que l'on ne se contente pas d'expliquer, mais qu'on effectue, que l'on rend présents pour tout le monde, c'est que s'ils confirment les spéculations de la science, et satisfont aux prévisions des hommes instruits, ils précèdent aussi chez le vulgaire les bienfaits de l'instruction, et y suppléent efficacement. Combien de gens n'ont pas le temps de lire, et ne liront peut-être jamais les livres où l'on enseigne à n'avoir pas peur des spectres, à mépriser les prétendues résurrections ou apparitions des morts ! Que l'on essaye cependant d'effrayer, par des récits mensongers de cette espèce, la plupart des personnes auxquelles quelques séances ont rendu familière la fantasmagorie, on ne sera certainement accueilli que par les rires et les sarcasmes de l'incrédulité. Les journaux eux-mêmes, ces porte-voix de la civilisation sur toutes les routes, doivent rester inconnus longtemps encore à la majeure partie de la population. Mille obstacles, tels que le défaut d'aisance première, l'avarice si légitime des cultivateurs, le manque d'instruction primaire, l'absence des réunions quotidiennes, enfin, la difficulté des communications verbales, les empêcheront de pénétrer assez vite dans les habitations villageoises, où les plus ridicules superstitions sont encore en vigueur. C'est pour les habitants de ces campagnes que l'on montre sur un rocher l'empreinte des pas de tel saint qui, tout exprès, y est descendu pendant la nuit : que l'on place sur les autels des lettres récentes de Jésus-Christ : que l'on transforme les exhalaisons de la terre en âmes damnées du purgatoire; que l'on guinde des croix lumineuses au-dessus des clochers, que l'on fait sortir du tombeau de pauvres défunts tourmentés par l'impiété des vivants. Assurément, qu'un prêtre habile transporte, au fond d'une église gothique, entourée d'un cimetière, une fantasmagorie et tous ses accessoires, il a bien la certitude de faire tomber à genoux, et même le front contre terre, ou plutôt de mettre en fuite les paysans épouvantés, dont les récits iront porter la terreur dans toutes les communes environnantes, et à dix lieues à la ronde. Au contraire, qu'à la place de l'homme usant de la science pour les tromper, il se présente un philosophe disposé à les éclairer, après les avoir prémunis par des avertissements mis à portée de leur intelligence, contre l'impression morale des effets dont il va les rendre témoins, il fera plus pour répandre les lumières parmi ces hommes simples, que n'ont fait, depuis l'invention de l'imprimerie, des millions de volume, dont aucun n'est encore parvenu jusqu'à eux. »

Robertson, le physicien, se suppose donc avoir rendu un grand service à l'humanité. Ne lui contestons pas cette noble ambition. C'est dans ces dispositions qu'il chercha à faire succéder à ses idées de sorcellerie la création de fantômes artificiels. C'est toutefois le hasard qui lui en fournit la première occasion. Il avait un goût particulier pour le microscope solaire, à ce point qu'en quittant l'hôtel qu'il habitait, rue de Provence, il fut sur le point d'avoir avec le propriétaire un de ces procès bizarres qui égayent les audiences de juge de paix : il avait troué toutes les portes pour y faire passer un rayon de soleil ! Le propriétaire qui lui avait loué les portes pleines ne voulait pas, disait-il, les reprendre à jour.

Ce fut dans une de ces expériences que la main de son frère s'étant dessinée en grand sur la muraille, il commença de nouvelles observations qui devaient l'amener à ses fameuses séances. Les livres du P. Kircher, de Gaspard Schott, de Viegleb, du P. Chérubin, d'Ekartshausen l'occupèrent. Il s'adonna pendant quelque temps à la physique, et poussa son ami, l'abbé Chappe, à révéler le télégraphe électrique qu'il avait inventé et presque oublié pour le fruit de Bacchus.

Après avoir pendant plusieurs années, dessiné des ombres tant bien que mal en compagnie de son ami Villette, le fils de celui dont nous avons parlé à propos des miroirs comburants, il parvint aux perfectionnements qu'il rêvait, et put, au commencement de germinal an VI, annoncer des séances publiques au pavillon de l'Echiquier.

Une multitude de prospectus et d'annonces, faites dans l'esprit et dans le goût du temps, et des articles de journaux écrits sous l'enthousiasme de la première impression remplirent la capitale des faits et gestes du « fantasmagore. » Ce nom, comme celui de fantasmagorie avait été tiré du grec par Robertson et remplaçait avantageusement par son étymologie et sa sonorité celui de lanterne magique. Parmi ces articles je n'en citerai qu'un, celui de *l'Ami des lois*, signé du représentant Poultier, et je remets au chapitre suivant la description complète d'une séance, de celles qui illustrèrent vraiment le physicien au couvent des Capucines. L'article de Poultier est brodé par l'imagination, d'ailleurs mordante du satirique, et c'est le type des opinions dominantes d'une époque dont les moindres détails historiques nous intéressent aujourd'hui.

« Un décemvir a dit qu'il n'y avait que les morts qui ne revenaient pas ; allez chez Robertson, vous verrez que les morts reviennent comme les autres ·

Du ciel, quand il le faut, la justice suprême
Suspend l'ordre éternel établi par lui-même :
Il permet à la mort d'interrompre ses lois
Pour l'effroi de la terre. . . . .

« Robertson appelle les fantômes, commande aux spectres, et fait repasser aux ombres qu'il évoque le fleuve de l'Achéron :

Je l'ai vu ; ce n'est point une erreur passagère
Qu'enfante du sommeil la vapeur mensongère

« Dans un appartement très-éclairé, au pavillon de l'Échiquier, n° 18, je me trouvai, avec une soixantaine de personnes, le 4 germinal. A sept heures précises, un homme pâle, sec, entre dans l'appartement où nous étions. Après avoir éteint les bougies, il dit : « Citoyens et messieurs, je ne suis point de ces aventuriers, de ces charlatans effrontés qui promettent plus qu'ils ne tiennent j'ai assuré, dans le *Journal de Paris*, que je ressusciterais les morts, je les ressusciterai. Ceux de la compagnie qui désirent l'apparition des personnes qui leur ont été chères, et dont la vie a été terminée par la maladie ou autrement, n'ont qu'à parler, j'obéirai à leur commandement. » Il se fit un instant de silence, ensuite un homme en désordre, les cheveux hérissés, l'œil triste et hagard, la physionomie *arlésienne*, dit « Puisque je n'ai pu, dans un journal officiel, rétablir le culte de Marat, je voudrais au moins voir son ombre. »

« Robertson verse, sur un réchaud enflammé, deux verres de sang, une bouteille de vitriol, douze gouttes d'eau-forte ; et deux exemplaires du *Journal des Hommes libres*, aussitôt s'élève, peu à peu, un petit fantôme livide, hideux, armé d'un poignard et couvert d'un bonnet rouge : l'homme aux cheveux hérissés le reconnaît pour Marat, il veut l'embrasser, le fantôme fait une grimace effroyable et disparaît.

« Un jeune *merveilleux* sollicite l'apparition d'une femme qu'il a tendrement aimée, et dont il montre le portrait en miniature au fantasmagorien, qui jette sur le brasier quelques plumes de moineau, quelques grains de phosphore et une douzaine de papillons ; bientôt on aperçoit une femme, le sein découvert, les cheveux flottants, et fixant son jeune ami avec un sourire tendre et douloureux.

« Un homme grave, assis à côté de moi, s'écrie, en portant la main au front : « Ciel ! je crois que « c'est ma femme, » et il s'esquive, craignant que ce ne soit plus un fantôme.

« Un Helvétien, que je pris pour le colonel Laharpe, demande à voir l'ombre de Guillaume Tell. Robertson pose sur le brasier deux flèches antiques, qu'il recouvre d'un large chapeau. « A l'instant, l'ombre du fondateur de la liberté de la Suisse se montre avec une fierté républicaine, et paraît tendre la main au colonel, à qui l'Helvétie doit sa nouvelle régénération.

« Un jeune Suisse, en lunettes, le teint pâle, les cheveux dorés et les mains remplies de brochures métaphysiques, veut s'approcher, l'ombre lui jette un regard courroucé et semble lui dire : « Que fais-tu ici, lorsque mes descendants sont « armés pour recouvrer leurs droits ? »

« Delille témoigne modestement le désir de

voir l'ombre de Virgile; sans évocation, et sur le simple vœu du traducteur des *Géorgiques*, elle paraît, s'avance avec une couronne de lauriers qu'elle pose sur la tête de son heureux imitateur.

« L'auteur de quelques tragédies prônées demande avec assurance l'apparition de l'ombre de Voltaire, espérant en recevoir un semblable hommage; le peintre de Brutus et de Mahomet, après quelques cérémonies, s'offre aux spectateurs; il aperçoit le tragique moderne, et semble lui dire : « Crois-tu que la vanité soit du génie, et la mé-« moire du talent? »

« Citoyens et messieurs, dit Robertson, jusqu'ici je ne vous ai fait voir qu'une ombre à la fois; mon art ne se borne pas à ces bagatelles, ce n'est que le prélude du savoir-faire de votre serviteur. Je puis faire voir aux hommes bienfaisants la foule des ombres de ceux qui, pendant leur vie, ont été secourus par eux; réciproquement je puis faire passer en revue aux méchants les ombres des victimes qu'ils ont faites.

« Robertson fut invité à cette épreuve par une acclamation presque générale, deux individus seulement s'y opposèrent; mais leur opposition ne fit qu'irriter les désirs de l'assemblée.

« Aussitôt le fantasmagorien jette dans le brasier le procès-verbal du 31 mai, celui des massacres des prisons d'Aix, de Marseille et de Tarascon, un recueil de dénominations et d'arrêtés, une liste de suspects, la collection des jugements du tribunal révolutionnaire, une liasse de journaux démagogiques et aristocratiques, un exemplaire du *Réveil du Peuple;* puis il prononce, avec emphase, les mots magiques : *Conspirateurs, humanité, terroriste, justice, jacobin, salut public, exagéré, alarmiste, accapareur, girondin, modéré, orléaniste*.... A l'instant on voit s'élever des groupes couverts de voiles ensanglantés ; ils environnent, ils pressent les deux individus qui avaient refusé de se rendre au vœu général, et qui, effrayés de ce spectacle terrible, sortent avec précipitation de la salle, en poussant des hurlements affreux.... L'un était Barère et l'autre Cambon....

« La séance allait finir, lorsqu'un chouan amnistié, et employé dans les charrois de la république, demande à Robertson s'il pouvait faire revenir Louis XVI. A cette question indiscrète, Robertson répondit fort sagement : « J'avais une « recette pour cela, avant le 18 fructidor, je l'ai « perdue depuis cette époque, il est probable que « je ne la retrouverai jamais, et il sera désormais « impossible de faire revenir les rois en France.

« POULTIER. »

« Cette dernière phrase, que me prêtait Poultier, remarque Robertson en commentaire, « était ingénieuse; c'eût été de ma part un trait d'esprit et d'adresse, pour me tirer de l'embarras où me jeta la demande, alors très-indiscrète, de l'ombre de Louis XVI. J'imagine que cet écrivain sentit combien elle pourrait me nuire, et voulut par bienveillance en prévenir les fâcheuses conséquences. On demanda effectivement cette apparition; j'ai lieu de soupçonner que ce fut là un tour d'agent provocateur, et la vengeance d'un homme de police auquel j'avais refusé quelque faveur. La fantasmagorie s'en trouva très-mal; les ombres faillirent à disparaître tout à fait, et les spectres à rentrer pour toujours dans la nuit du tombeau. On les empêcha provisoirement de se montrer : les scellés furent apposés sur mes boîtes et sur mes papiers On fouilla partout où il pouvait y avoir trace de revenant, et je faisais alors cette réflexion, confirmée bien des fois depuis et auparavant, que courir après des ombres et saisir des fantômes, pour les transformer en réalités, souvent bien funestes, c'était là un des plus grands moyens d'existence, et l'une des plus affreuses nécessités de la police secrète. »

III

LA FANTASMAGORIE DE ROBERTSON AU COUVENT DES CAPUCINES

Les séances, commencées au pavillon de l'Échiquier, furent ensuite transférées dans l'ancien couvent des Capucines, près la place Vendôme La salle étant constamment encombrée, le prix des places fut élevé à trois et à six livres. Les journaux du temps sont remplis de récits merveilleux sur les vives impressions que des gens du monde et des littérateurs célèbres ressentaient à la vue du spectacle offert par Robertson. Une foule d'accessoires, habilement ménagés, contribuaient à augmenter l effet produit sur les spectateurs. Le thaumaturge avait choisi pour son théâtre la vaste chapelle abandonnée au milieu d'un cloître que le public se rappelait avoir vue couverte de tombes et de dalles funèbres. On ne parvenait à cette salle qu'après avoir parcouru, par de longs détours, les cours cloîtrées de l'ancien couvent, décorées de peintures mystérieuses. On arrivait devant une porte de forme antique, couverte d'hiéroglyphes; cette porte franchie, on se trouvait dans un lieu sombre, tendu de noir, faiblement éclairé par une lampe sépulcrale, et n'ayant d'autre ornement que des images lugubres. Le calme profond, le silence absolu qui régnait dans ce lieu, l'isolement subit dans lequel on se trouvait au sortir d'une rue bruyante, l'attente des apparitions les plus effrayantes, imprimaient aux spectateurs un recueillement extraordinaire. Les physionomies étaient graves, presque mornes, et l'on ne se parlait qu'à voix basse.

On sentira facilement que, si les idées philosophiques devaient élever l'esprit au-dessus de la crainte involontaire que peuvent inspirer des fantômes, l'effet du spectacle exigeait que les apparitions répandissent, au moins pendant qu'elles avaient lieu, une sorte de terreur religieuse. On ne pouvait donc choisir un local plus convenable que celui d'une vaste chapelle abandonnée au milieu d'un cloître. Non-seulement l'ancienne destination de l'édifice créait dans les âmes une disposition favorable au recueillement, mais le souvenir des tombeaux expulsés de cet asile, comme ils l'avaient été de tous les temples, de tous les couvents, et qu'on avait vus entassés par centaines sur les marches des parvis, venait accroître cette première impression, en harmonie avec la croyance antique des ombres : elles paraissaient sortir, en quelque sorte, de sépulcres réels, et vouloir voltiger autour des restes mortels qu'elles avaient animés, et qu'on livrait ainsi à la profanation. Qu'il soit donné à la philosophie de briser le joug de toutes les superstitions, et d'en détruire la puissance visible en éclairant les artifices secrets et les apparences fallacieuses qui les fortifient, c'est là sans doute un noble but, vers lequel on fait chaque jour de nouveaux progrès ; mais il ne sera jamais au pouvoir de l'homme d'interdire à son imagination ces idées sombres et mystérieuses sur un avenir couvert d'un voile impénétrable, et qui ne laisse point insulter, sans repentir, au culte des morts, parmi lesquels sa place inévitable est assignée.

L'abbé Delille a décrit ces lieux en de beaux vers, pleins de mélancolie.

Lorsqu'en vertu des dispositions qui viennent d'être énoncées, l'assemblée se tenait recueillie, Robertson s'avançait et prévenait à peu près en ces termes les impressions superstitieuses :

« Ce qui va se passer dans un moment, sous vos yeux, messieurs, n'est point un spectacle frivole : il est fait pour l'homme qui pense, pour le philosophe qui aime à s'égarer un instant avec Sterne parmi les tombeaux.

« C'est d'ailleurs un spectacle utile à l'homme que celui où il s'instruit de l'effet bizarre de l'imagination, quand elle réunit la vigueur et le dérèglement : je veux parler de la terreur qu'inspirent les ombres, les caractères, les sortiléges, les travaux occultes de la magie ; terreur que presque tous les hommes ont éprouvée dans l'âge tendre des préjugés, et que quelques-uns conservent encore dans l'âge mûr de la raison.

« On va consulter les magiciens, parce que l'homme, entraîné par le torrent rapide des jours, voit d'un œil inquiet et les flots qui le portent et l'espace qu'il a parcouru, il voudrait encore étendre sa vue sur les dernières limites de sa carrière, interroger le miroir de l'avenir, et voir d'un coup d'œil la chaîne entière de son existence.

« L'amour du merveilleux, que nous semblons tirer de la nature, suffirait pour justifier notre crédulité. L'homme, dans la vie, est toujours guidé par la nature comme un enfant par les lisières : il croit marcher tout seul, et c'est la nature qui lui indique ses pas, c'est elle qui lui inspire ce désir sublime de prolonger son existence, lors même que sa carrière est finie. Chez les premiers enfants des hommes, ce fut d'abord une opinion sacrée et religieuse, que l'esprit, le

Fig. 54. — Fantasmagorie. — Robertson.

souffle ne périssait pas avec eux, que cette substance légère, aérienne de nous-mêmes, aimait à se rapprocher des lieux qu'elles avaient aimés. Cette idée consolante essuya les pleurs d'une épouse, d'un fils malheureux, et ce fut pour l'amitié que la première ombre se montra. »

Aussitôt qu'il cessait de parler, la lampe antique suspendue au-dessus de la tête des spectateurs s'éteignait, et les plongeait dans une obscurité profonde, dans des ténèbres affreuses. Au bruit de la pluie, du *tonnerre*, de la cloche funèbre évoquant les ombres de leurs tombeaux, succédaient les sons déchirants de l'harmonica; le ciel se découvrait, mais sillonné en tous sens par la foudre. Dans un lointain très-reculé, un point lumineux semblait surgir : une figure, d'abord petite, se dessinait, puis s'approchait à pas lents, et à chaque pas semblait grandir : bientôt, d'une taille énorme, le fantôme s'avançait jusque sous les yeux du spectateur, et, au moment où celui-ci allait jeter un cri, disparaissait avec une promptitude inimaginable. D'autres fois, les spectres sortaient tout formés d'un souterrain, et se présentaient d'une manière inattendue. Les ombres des grands hommes se pressaient autour d'une barque et repassaient le Styx, puis, fuyant une seconde fois la lumière céleste, s'éloignaient insensiblement pour se perdre dans l'immensité de l'espace. Des scènes tristes, sévères, bouffonnes, gracieuses, fantastiques s'entremêlaient, et quelque événement du jour formait ordinairement l'apparition capitale. « Robespierre, disait le *Courrier des spectacles* du 4 ventôse an VIII, sort de son tombeau, veut se relever..., la foudre tombe et met en poudre le monstre et son tombeau. Des ombres chéries viennent adoucir le tableau : Voltaire, Lavoisier, J. J. Rousseau, paraissent tour à tour Diogène, sa lanterne à la main, cherche un homme, et, pour le trouver, traverse pour ainsi dire les rangs, et cause impoliment aux dames une frayeur dont chacun se divertit. Tels sont les effets de l'optique, que chacun croit toucher avec la main ces objets qui s'approchent. »

« On ne peut rien offrir, disait un autre écrivain, de plus magique et de plus ingénieux que l'expérience qui termine la fantasmagorie, dont voici l'idée : au milieu du chaos, du sein des éclairs et des orages, on voit se lever une étoile brillante dont le centre porte ces caractères : 18 *brumaire*. Bientôt les nuages se dissipent et laissent apercevoir le pacificateur ; il vient offrir une branche d'olivier à Minerve, qui la reçoit ; mais elle en fait une couronne, et la pose sur la tête du héros français. Il est inutile de dire que cette allégorie ingénieuse est toujours accueillie avec enthousiasme. »

Souvent, pour frapper un dernier coup, le physicien terminait les séances par cette allocution :

« J'ai parcouru tous les phénomènes de la fantasmagorie ; je vous ai dévoilé les secrets des prêtres de Memphis et des illuminés ; j'ai tâché de vous montrer ce que la physique a de plus occulte, ces effets qui paraissaient surnaturels dans les siècles de la crédulité ; mais il me reste à vous en offrir un qui n'est que trop réel. Vous qui peut-être avez souri à mes expériences, beautés qui avez éprouvé quelques moments de terreur, voici le seul spectacle vraiment terrible, vraiment à craindre : hommes forts, faibles, puissants et sujets, crédules ou athées, belles ou laides, voilà le sort qui vous est réservé, voilà ce que vous serez un jour : souvenez-vous de la fantasmagorie. »

Ici la lumière reparaissait et l'on voyait au milieu de la salle un squelette de jeune femme debout sur un piédestal.

Dans un siècle aussi éclairé que le nôtre, au milieu de la population qui participe le plus promptement aux lumières, le physicien avait beaucoup de peine à persuader qu'il n'était point doué du don de sorcellerie. Chaque jour on venait lui demander quelque révélation sur l'avenir, et des renseignements sur le passé ; on voulait qu'il pût connaître ce qui avait lieu à de grandes distances, et il n'était point rare qu'il vît des personnes, après les premières civilités, débuter par ces mots : « Je désirerais bien, monsieur, que vous me fissiez connaître les individus qui ont volé chez moi la nuit dernière. » Il prenait l'excellent moyen de renvoyer ces personnes à la police.

Mais loin de pouvoir jouer le rôle d'oracle pour les sollicitations de ce genre, il aurait eu grand besoin que quelqu'un se fît prophète pour le prémunir contre de nombreux intrigants et de gens de la pire espèce qui parvenaient à s'introduire chez lui. Il n'échappa pas toujours à leurs ruses. En voici une trop grossière, qu'il raconte naïvement. « Un matin, deux Italiens de bonne tournure et d'une mise convenable se présentèrent chez moi ; ils entrèrent en conversation par des questions sur les procédés de fantasmagorie, me demandèrent s'il n'y avait pas des gens qui me crussent sorcier, et qui s'adressassent à moi pour découvrir des vols. Celui qui parlait ainsi, ajouta que son ami *possédait un moyen aussi singulier qu'infaillible* pour ces sortes de découvertes. Je commençai à leur soupçonner quelque vue particulière ; je me montrai curieux d'être instruit de leur secret, et leur proposai d'en faire à l'instant l'essai pour mon compte ; car peu de jours auparavant une timbale d'argent avait disparu de l'antichambre. Ils me demandèrent alors plusieurs clefs, toutes n'étant pas propres à opérer le charme ; ils les placèrent en travers, et l'une après l'autre sur l'extrémité de l'index, prononcèrent le nom de plusieurs personnes, récitant à haute voix pour chacune un verset des psaumes de David ; au moment où le nom du coupable serait prononcé avec accompagnement du texte sacré, la clef devait tourner d'elle-même. J'aurais beaucoup ri de cette jonglerie impudente, si je n'eusse cherché à en pénétrer le but ; après les clefs des meubles, ils en essayèrent des portes, et proposèrent même de soumettre à l'épreuve la clef de la porte d'entrée, il me vint tout à coup la pensée qu'ils n'employaient cet artifice grossier que pour se procurer l'empreinte des clefs principales, l'un d'eux cachant probablement de la cire destinée à cet effet. Lés fausses clefs à cette époque s'étaient singulièrement multipliées, et l'on n'entendait que des récits de vols sans bris de porte ni effraction. Je m'empressai de mettre fin à leur stratagème, et je les congédiai brusquement. » Ces gens-là manquaient d'habileté ; de plus fins, avec des apparences plus spécieuses, auraient pu réussir.

Les traits que l'on vient de lire prouvent à quel point d'égarement l'imagination peut être conduite, et confirment ce passage de Salverte, dans son livre des *Sciences occultes* : « En Turquie, et depuis plus longtemps que l'on ne serait tenté de le croire, il a existé des hommes à qui il n'aurait fallu que de l'audace ou un intérêt dominant pour se présenter à leurs admirateurs comme doués d'un pouvoir surnaturel. Supposons à de tels hommes la seule chose qui leur ait manqué; et loin de se borner à l'amusement de quelques spectateurs oisifs, leur art, conservé dans des mains plus respectées et dirigé vers un but moins futile, commande l'admiration de ceux dont il excitait la risée, et suffit à l'explication de miracles aussi nombreux qu'imposants. »

On voit que la propension de notre esprit au merveilleux et la puissance inexplicable de l'imagination étaient d'excellents auxiliaires. Je ne veux pas revenir à ce sujet, traité au dernier chapitre de notre première partie, mais comme type du degré de puissance auquel l'imagination peut atteindre, je me permettrai de signaler le suivant, publié et exalté par les journaux médicaux de l'an II, souvent cité depuis cette époque; mais le récit original n'en est pas moins digne d'être présent ici parce qu'il est véridique.

Un physicien célèbre ayant fait un ouvrage excellent sur les effets de l'imagination, voulut encore joindre l'expérience à la théorie; à cet effet, il pria le ministre de permettre qu'il prouvât ce qu'il avançait sur un criminel condamné à mort;

le ministre y consentit et lui fit livrer un célèbre voleur né dans un rang distingué. Notre savant va le trouver et lui dit : « Monsieur, plusieurs personnes qui s'intéressent à votre famille ont obtenu du ministre, à force de démarches, que vous ne fussiez point exposé sur un échafaud aux regards de la populace ; il a donc commué votre peine ; vous serez saigné aux quatre membres dans l'intérieur de votre prison, et vous ne sentirez pas les angoisses de la mort. « Le criminel, sachant que son jugement avait été rendu la veille, se soumit à son sort, s'estimant heureux que son nom ne fût pas flétri. On le transporte dans l'endroit désigné, où tout était préparé à l'avance, on lui bande les yeux, et au signal convenu, après l'avoir attaché sur une table, on le pique légèrement aux quatre membres. On avait disposé aux extrémités de la table quatre petites fontaines d'eau tiède, qui coulaient doucement dans des baquets destinés à cet effet.

« Le patient, croyant que c'était son sang défaillait par degrés. Ce qui l'entretint dans l'erreur, était la conversation à voix basse de deux médecins placés exprès dans cet endroit. « Le beau sang ! c'est dommage que cet homme soit condamné à mourir de cette manière, car il aurait vécu longtemps. — Chut! » disait l'autre ; puis s'approchant du premier, il lui demandait à voix basse, mais de manière à être entendu du criminel : « Combien y a-t-il de sang dans le corps humain? — Vingt-quatre livres, en voilà déjà environ dix livres; cet *homme est maintenant sans ressource.* » Puis ils s'éloignaient peu à peu et parlaient plus bas. Le silence qui régnait dans cette salle et le bruit des fontaines qui coulaient toujours, affaiblirent tellement le cerveau du pauvre malheureux, qui cependant était un homme fortement constitué, qu'il s'éteignit peu à peu sans avoir perdu une goutte de sang. »

IV

JEUX DIVERS ET RÉCRÉATIONS DE FANTASMAGORIE

Les physiciens sont arrivés, par une grande variété dans la disposition des miroirs, des lentilles et des lumières, à donner naissance à de singulières illusions dont l'esprit s'étonne lorsqu'il ignore le mécanisme de leur création. Nous allons faire comparaître ici les plus remarquables, en prenant pour guide le savant expérimentateur avec lequel nous avons déjà fait connaissance au chapitre de la fantasmagorie : Robertson.

1° Multiplication ou danse des sorciers. Le hasard le servit dans la découverte de cette expérience comme en bien d'autres circonstances. Un soir, en faisant des essais de fantasmagorie, il se trouvait dans l'obscurité, lorsque deux personnes portant des lumières, se croisèrent dans la chambre contiguë. A la cloison qui les séparait de la était une très-petite croisée, dont l'image vint se dessiner double sur le mur opposé de la chambre où il était. Il observa le mouvement de ces lumières et la multiplication des ombres fut trouvée.

Les figures dont on se sert pour ces expériences sont découpées à jour dans des cartons fins ; elles doivent avoir un pied environ, si l'on emploie la caisse du fantascope pour l'exécuter Placez-les à deux ou trois ouvertures pratiquées en avant de l'appareil, qui doit être à peu près à quatre pieds du *miroir*. Si dans l'intérieur de votre caisse et en face de votre figure découpée, vous présentez la lumière d'une petite bougie, vous aurez sur votre miroir la représentation d'une figure. Doublez, multipliez le nombre de vos bougies, et vous doublerez, vous multiplierez également les images de chaque carton sur le miroir.

En donnant à ces lumières des mouvements et un arrangement particulier, vous obtiendrez des effets d'autant plus curieux, que le procédé est simple et ingénieux.

Robertson avait fait exécuter en cuivre, pour cette expérience, un danseur dont les jambes et les bras avaient plusieurs mouvements. L'entre-deux des jambes ne devant pas laisser passer la lumière, était fermé par des lames de cuivre réunies en forme d'éventail. On peut juger de l'effet

Fig. 55. — Danse des sorciers.

que devait produire le mouvement simultané de toutes ces jambes, quelquefois au nombre de cinquante.

On comprend bien que si le carton dans lequel est découpée la figure peut se mouvoir en rond dans un châssis, la figure aura tantôt les pieds en haut, tantôt fera la culbute, etc. ; ou bien deux figures auront l'air de se balancer. On peut aussi faire mouvoir les mâchoires, si l'on représente des singes.

Si la figure est montée dans un carton rond avec un cercle en bois dentelé et que le châssis long ait aussi des dents ; lorsque vous mettrez en mouvement le châssis, dont dépend la figure, celle-ci avancera en faisant toujours la culbute en avant, et en arrière si on le repousse.

2° GALERIE SOUTERRAINE. — Par la réflexion de deux miroirs, on peut montrer une galerie souterraine et tout à fait fantasmagorique. Il faut surtout une galerie ou un appartement profond d'environ cinquante pieds ou davantage, s'il est possible. On dispose, à droite et à gauche, en forme de coulisses, des découpures de tombeaux ou mausolées peints avec art. Le tout est fortement éclairé, et vient se reproduire dans un grand miroir plan, qui a 7 pieds de diamètre. L'image de ce miroir est reportée dans un autre plus petit, et c'est dans la profondeur de ce dernier que l'œil du spectateur croit apercevoir un souterrain, ou une galerie qui descend dans l'étage inférieur de l'appartement. L'illusion deviendra complète, si dans le lointain on a placé de jeunes enfants qui portent des fleurs sur ces tombeaux, et sur le devant des ombres drapées en blanc.

A propos de perspective, le physicien rapporte agréablement ici l'une des plus singulières méprises que l'ignorance puisse faire commettre. C'était en 1793 ; il se trouvait dans la diligence de Paris à Orléans. On avait établi, sur les routes, des postes où les voyageurs étaient contraints de montrer leurs papiers, et de prouver ainsi qu'ils ne faisaient partie ni des *émigrés*, ni des *suspects*. On rencontra un de ces bureaux à un quart d'heure du chemin d'Étampes : il voulut épargner aux dames qui emplissaient la voiture la peine de descendre, et se chargea de présenter à la vérification les papiers de tout le monde. La sentinelle civique était un homme à figure rébarbative, espèce de Brutus de village, qui jeta d'abord sur lui un regard peu affable, et sembla, de prime abord, le déclarer suspect avant l'examen. Ce fut bien pis lorsqu'il eut jeté les yeux sur un petit livre d'expériences d'optique, qu'il le força de lui montrer : « Je t'arrête, dit-il au physicien. — Et pourquoi? — Comme suspect et conspirateur. — Qui te prouve, citoyen, que je suis l'un ou l'autre? —

Ces poignards. — Cela des poignards? — Oui, des poignards, je les reconnais, c'est précisément la forme de ceux des fameux Chevaliers du poignard ; tu en fais sans doute partie : il est bon que l'on sache à qui tu portes ces modèles. — Tu te trompes, citoyen, répondit le voyageur avec tout le sérieux qu'il lui fut possible de garder ; ce que tu vois, ce ne sont pas des poignards ; c'est une *allée de sapins.* » Effectivement, cette allée, mise en perspective, se terminait en pointe et avait frappé le citoyen par sa forme pittoresque. Tous les efforts pour le détromper furent inutiles. Il procéda plus rigoureusement contre Robertson, et ayant trouvé dans sa poche une boîte de poudre dentifrice : « C'est très-bien, dit-il ; voilà de quoi aiguiser les poignards. — Point du tout, citoyen ; cette poudre sert à nettoyer les dents. — Je t'arrête comme suspect. » Il envoya aussitôt querir son supérieur qui, heureusement plus instruit, sourit de cette méprise, et permit au physicien de continuer sa route, au regret du sans-culotte, qui ne se nettoyait pas les dents.

3° Apparition de la nonne sanglante. — Le son d'une cloche lointaine se fait entendre au fond d'un cloître faiblement éclairé par les derniers rayons de la lune : apparaît une nonne ensanglantée avec une lanterne d'une main et de l'autre un poignard ; elle arrive lentement et semble chercher l'objet de ses désirs, elle se rapproche tellement des spectateurs, qu'il arrive souvent qu'on les voit se déplacer pour lui livrer passage.

4° FOSSOYEUR DE SHAKESPEARE. — La scène représente un cimetière, la moitié de ce tableau doit être projetée sur la toile par un appareil placé du côté des spectateurs, et l'autre moitié par un fantascope placé en deçà de la toile. Si quelqu'un, convenablement costumé, marche près de ce miroir, et dans la partie éclairée par le fantascope, son ombre sera visible aux spectateurs.

5° NOSTRADAMUS ET MARIE DE MÉDICIS. — Par quels moyens Nostradamus a-t-il pu imposer à Marie de Médicis qui, inquiète sur son futur destin, vient le consulter sur le sort de la France? On sait que le thaumaturge lui fit voir dans l'avenir que le trône des Bourbons lui était destiné. Cette illusion a dû s'exécuter de la manière suivante.

Le trône placé dans la première salle est reflété dans un miroir caché dans le dais. Marie de Médicis en voit la représentation dans un miroir que porte l'amour, etc.

Nous reproduisons ici la gravure dont *le Magasin pittoresque* a donné une belle illustration de ce singulier effet de catoptrique. De simples réflexions sur les miroirs expliquent, ajoute ce recueil, l'apparition que Nostradamus évoqua, dit-

Fig. 56. — Nostradamus et Marie de Médicis.

on, aux yeux de Catherine de Médicis. On prétend que, consulté sur l'avenir de la royauté, le sorcier fit voir à la reine le trône de France occupé par Henri de Navarre. Peu de temps après, Henri II mourut de la blessure qu'il avait reçue de Montgomery dans un tournoi, et quelques dupes s'imaginèrent que cet événement avait été prédit par Nostradamus dans le trente-cinquième quatrain de la première centurie de ses fameuses prophéties, quatrain ainsi conçu :

Le lion jeune le vieux surmontera ;
En champ hellique par singulier duel,
Dans âge d'or les yeux lui crèvera,
Deux plaies une, puis mourir ; mort cruelle !

Cette pitoyable poésie, qui se rapportait tant bien que mal à la catastrophe, augmenta l'effet de l'apparition mystérieuse qui semblait indiquer la ruine de la race des Valois. Et cependant, il n'est pas nécessaire que nous le répétions au lecteur, il avait suffi au prétendu magicien de disposer, devant une scène convenablement préparée, deux miroirs sur lesquels les rayons lumineux réfléchissaient l'image de cette scène en faisant *l'angle de réflexion égal à l'angle d'incidence.*

6° Il convient de placer à la suite de cette explication l'aventure du czar Pierre Ier, à propos d'une très-singulière récréation d'optique qui a pour but de *changer en bête une créature humaine.* Des critiques malavisés pourront objecter peut être que la métamorphose n'est pas difficile; cela dépend, mais laissons ces mauvais plaisants et revenons au récit pittoresque de Robertson. Après son excursion en ballon à Paris, le physicien se dirigea sur Hambourg. C'est là, en effet, que Pierre Ier vit un spectacle dont sa curiosité fut vivement piquée : celui d'un vrai Protée, tantôt avec une tête humaine, tantôt avec celle d'un veau, d'un lion, d'un tigre ou d'un ours : c'était toute une ménagerie passant sur les épaules d'un homme. Le czar était intrigué : il voulut deviner et perdit patience. Désir d'autocrate ne marchande guère; l'apprenti de Saardam trancha le nœud gordien à sa manière il s'élança contre la cloison, y fit brèche à coups de pieds, au moment où une chèvre s'installait sur la chaise. Si nos lecteurs désirent partager ce dernier plaisir de Sa Majesté russe, et s'il leur prend fantaisie de mettre en pratique la *Métamorphose des bêtes*, en voici le moyen.

Supposons qu'une personne comme une autre et avec une figure quelconque, veuille se changer en tel animal que l'on désigne d'après une liste arrêtée d'avance. Le cabinet où va s'opérer le prodige a environ 8 pieds carrés (voy. fig. 57) Le nécromancien y fait entrer le spectateur, qui n'y trouve absolument qu'une chaise placée contre le mur : la cloison opposée à cette chaise est percée,

Fig. 57. — Le czar Pierre Ier.

à hauteur des yeux, d'une petite fente longue de trois pouces trois quarts, et large de quatre lignes à peu près. Du côté de sa paroi intérieure glisse dans des rainures, devant cette fente, une coulisse garnie elle-même de 2 autres fentes de la longueur chacune de 4 pouces 1/2. Sur l'une est appliquée simplement un verre plan, et sur l'autre un prisme de *flint-glas*. A l'endroit où on le place, la

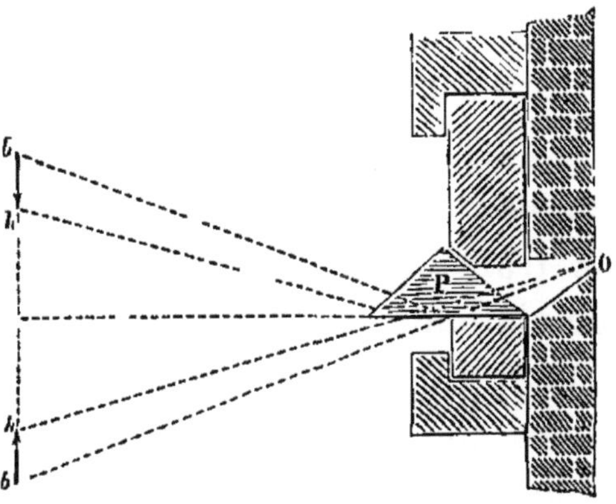

Fig. 58. — Prisme montrant la déviation des rayons lumineux.

coulisse est excavée selon la figure du prisme équilatéral, dont chaque face comporte une hauteur de treize lignes. Dans cette disposition d'optique, le prisme renverse toute la chambre, met le plancher au plafond, ou le plafond sur le plancher, de sorte qu'une chaise, dont les quatre pieds touchent le plafond, paraît droite sur le parquet. L'opérateur a deux chaises parfaitement

17

semblables, et à dessus mobiles qui puissent s'enlever et se remplacer avec la plus grande facilité, et, en outre, huit, dix, douze dessus pour la même chaise.

Les spectateurs ont examiné le local et sont dans l'attente, l'œil fixé à chaque coulisse, au dehors, devant la chaise vide; l'opérateur s'y place, et demande qu'on lui dise : Fais-toi belette, écureuil, chat, cigogne, chouette, singe ou renard, etc. Il a eu soin, bien entendu, d'énumérer quelles métamorphoses il a le pouvoir de subir lorsqu'on lui en indique l'ordre, celui que je viens de désigner par exemple; et il invite le public à prendre garde, car la transformation va s'effectuer. Par une trappe de plafond, que la peinture doit dissimuler habilement, une belette apparaît; le prisme, tiré par un aide, au moyen d'un fil, remplace le verre plan, et les regards, par ce mouvement, quittent le plancher à leur insu, pour être tout à coup dirigés vers le plafond; par conséquent l'opérateur disparaît, et l'animal demandé devient seul visible à la place qu'il occupait. Le verre plan ramène au commandement la première disposition, et les tableaux se succèdent ainsi à volonté.

Désire-t-on qu'il n'y ait que la tête de changée, et que le buste de l'homme en supporte tour à tour de plus ou moins bizarres? L'intelligence trouve facilement un moyen pour satisfaire à ce vœu : il suffit d'un mannequin acéphale, vêtu comme l'opérateur, et dont l'encolure soit disposée pour s'adapter à plusieurs têtes. Exige-t-on enfin que le magicien disparaisse tout à fait? Rien de plus simple, il reste en place tandis que le prisme montre la chaise vide du plafond, et il assure avec sincérité qu'il faut que les spectateurs aient les regards fascinés, qu'il est toujours au même endroit, et que sa prétendue invisibilité va cesser à l'instant même; ce qui a lieu, comme on le comprend sans doute aisément, par la substitution du verre plan au prisme.

Quelques observations sont encore nécessaires pour assurer le succès de cette expérience fort agréable et toujours neuve à présenter. On prendra garde, par exemple, que les fentes de la cloison ne laissent point apercevoir les extrémités des pieds de la chaise; autrement le parquet serait vu sans le prisme, pendant que le prisme montrerait le plafond; qu'il n'y ait aussi de visible, à travers la fente, que la moitié de la hauteur de l'appartement, sans cela le haut de la figure renversé pourrait être aperçu. Enfin, on sent la nécessité de rendre toutes les parties de la chambre parfaitement uniformes, de même couleur et sans lambris : une porte, une fenêtre qui ne seraient point dissimulées par un rideau tombant du plafond jusqu'au parquet, suffirait pour dévoiler le mystère, car le prisme les renverserait à l'œil. On pourrait, si l'on possédait une grande pièce, exécuter cette expérience avec plusieurs prismes, de manière à intéresser plusieurs spectateurs à la fois.

7° La lunette brisée. — Soit FMLG (fig. 59) un tuyau de lunette au milieu duquel existe une solution de continuité où l'on peut placer la main. La lunette, qui d'ailleurs est fixée dans un pied

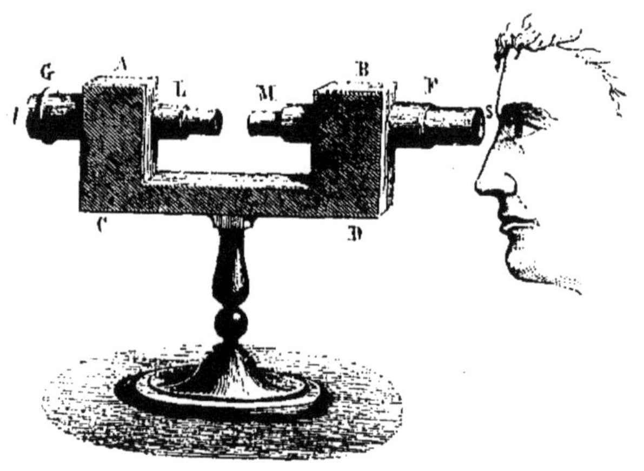

Fig. 59. — Lunette brisée.

doublement coudé BDCA, est construite de telle sorte que l'œil appliqué à l'oculaire ne cesse pas d'apercevoir l'objet placé dans la direction *t*, lors même que l'on vient à interposer, dans la solution de continuité entre M et L, soit la main, soit tout autre écran opaque.

La structure intérieure de la lunette rend parfaitement compte de cet effet singulier. En effet, la partie coudée ACDB est creuse et renferme 4 miroirs placés dans les angles A, C, D, B, dont les faces consécutives se regardent, de manière qu'un rayon horizontal venant du côté *t*, se réfléchit successivement, suivant les lignes AC, CD, DB, BF ; en G est placé un *objectif* biconvexe ou en forme de lentille ; en S un *oculaire* biconcave, l'un étant accommodé par rapport à l'autre, de manière que si la vision directe était possible à travers leur axe commun, elle fût parfaitement distincte.

Cet instrument produit une illusion extraordinaire, à ce point que la main interposée entre M et L paraît comme percée à jour, surtout lorsqu'on éloigne l'oculaire. Du reste, on peut supprimer l'oculaire et l'objectif, et se contenter de regarder à travers des tuyaux vides, seulement la vision s'opère d'une manière moins distincte, l'illusion est moins parfaite.

A cette illusion nous pouvons ajouter celle des *miroirs trompeurs*. Deux miroirs étant placés dos à dos en travers d'une caisse cubique, suivant la diagonale, et les quatre côtés de cette caisse étant percés d'une ouverture circulaire, si quatre personnes se placent à ces ouvertures encadrées d'un rideau, chacune d'elles, au lieu de voir celle qui lui fait face, voit celle qui se trouve à son côté, car l'image de chacune d'elles se réfléchit obliquement

Cette récréation est d'autant plus curieuse que les personnes qui se regardent ainsi dans cette caisse ne peuvent apercevoir que les quatre ouvertures qui leur semblent à jour et se correspondent dans leur position naturelle.

8° Le polemoscope et ses variétés. — Les étymologies grecques de ce nom (*polemos*, guerre, et *scopeô*, je vois), rappellent le but dans lequel l'objet qu'il indique avait été inventé. Hévélius, qui s'en attribue l'idée, dans la préface de sa *Sélénographie*, l'a imaginé, dit-on, en 1637. La figure 60 montre le jeu et l'application de cet instrument. Les rayons lumineux, venant d'un objet éloigné, se réfléchissent sur un miroir plan convenablement incliné. Les rayons réfléchis, après avoir traversé un verre lenticulaire, éprouvent une seconde réflexion sur un autre miroir plan, ordinairement parallèle au premier, et incliné comme celui-ci à 45 degrés, les deux faces tournées l'une vers l'autre ; l'observateur peut examiner directement cette image reçue sur un écran, ou regarder à travers un oculaire biconcave dans lequel les rayons se réfractent, de manière à présenter une image agrandie de l'objet.

Placé en lieu de sûreté derrière un parapet ou un épaulement qui le dérobe à la vue de l'ennemi, l'observateur pourra, au moyen du polemoscope, suivre les mouvements qui s'opèrent au dehors,

Fig. 60. — Le polémoscope.

sans exposer autre chose que l'instrument lui-même.

Pour trouver les directions réfléchies, connaissant celles des rayons incidents, il suffit de se rappeler le principe fondamental de la catoptrique : savoir, que le rayon qui tombe sur un miroir et le rayon réfléchi, font avec ce miroir des angles égaux, ou, en d'autres termes, que *l'angle d'incidence est égal à l'angle de réflexion.*

Parmi les variétés du polémoscope, nous signalerons particulièrement à la curiosité de nos lecteurs celles qui sont représentées dans la figure 61.

9° On voit dans la figure 61 comment il est possible, sans se montrer au dehors, de savoir quelles sont les personnes qui viennent heurter à la porte. Tout l'artifice consiste dans l'emploi de deux miroirs placés l'un en avant du bandeau de la fenêtre, l'autre sur l'appui intérieur de cette fenêtre dans l'appartement. On devine la marche des rayons lumineux.

Cet instrument se nomme un Préservatif contre les fâcheux. Nous pourrions ajouter à ces variétés du polémoscope une lorgnette, construite pour la première fois en Angleterre, vers le milieu du siècle dernier, et que les opticiens français imitèrent bientôt. Dans le tube de cette lorgnette, on a dissimulé un miroir incliné qui permet au spectateur d'observer dans une direction différente de l'axe de la lunette. Il peut donc, tout en paraissant viser la scène, lorgner tout à son aise dans les loges de côté.

Telles sont les principales récréations d'optique fondées sur le jeu des miroirs ou des lentilles Nous terminerons ce chapitre en leur adjoignant quelques jeux particuliers destinés surtout aux amateurs pour lesquels les applications de l'optique offrent plus d'attrait que les dominos ou les cartes.

10° Faire avancer un objet dans le miroir concave. —Ce jeu est fondé sur les propriétés des miroirs concaves, que nous avons étudiées plus haut. En avant du miroir, et dissimulé aux yeux du spectateur, on place une tête de plâtre, éclairée par un réflecteur d'argent, et fixée sur un petit chariot. Une corde, que fait tourner une manivelle, guide ce chariot, chemine bien dans le foyer du miroir La tête s'avance vers le miroir, et elle a l'air de s'approcher pour se précipiter sur les spectateurs.

11° Le coup de poignard. — Sur une table est placé un miroir, dans lequel on montre l'illusion. Lorsqu'on a éteint les lumières, on déplace la glace étamée par un moyen mécanique. Le cadre du miroir reste vide. En arrière est un miroir concave. Dans l'ouverture du cadre est placé le poignard, qui s'avance sur le miroir concave.

Fig. 61. — Préservatifs contre les fâcheux.

Il est inutile de dire que le mur de séparation est ouvert au-dessus et au-dessous de la table.

Ce procédé rend parfaitement compte de l'illusion dont j'ai parlé précédemment, et qui fit une si forte impression sur Louis XIV, qu'il négligea d'acquérir le miroir de Villette.

Au lieu d'une main qui doit guider le poignard, on peut exécuter l'expérience par une disposition fort simple.

Deux tringles de bois attachées au plafond se balancent sur deux jetons. Ces tringles sont réunies par un fil de fer.

Une caisse en carton attachée sur les tringles suit leur mouvement : elle contient des lumières pour éclairer la main en cire. Si l'on tire le fil, la main se trouve rapprochée du spectateur ; lorsque l'on veut jouir de l'illusion, on lâche l'anneau, et la main, s'approchant brusquement du miroir, paraît en sortir et frapper le spectateur.

12° La boite magique. — Cette expérience est charmante, et il s'en fit un jour un essai curieux : Robertson avait appris à une dame le secret très-simple de plusieurs illusions qui lui plaisaient beaucoup ; ils étaient à la campagne, et un homme, esprit fort très-prononcé, lui faisait une cour assidue : « Eh bien, monsieur, lui dit-elle, si vous ne craignez pas les apparitions, je vous en promets une pour cette nuit qui pourra vous satisfaire ; à minuit précis, ouvrez la boîte qui se trouve présentement sur votre table, et dont voici la clef, mon image sortira de cette boîte. Cette promesse ne parut au galant qu'un agréable badinage. Il promit d'ouvrir la boîte sans en avoir le projet, craignant d'être dupe d'une mystification : cependant il n'y tint pas ; et à peine eut-il ouvert la boîte que la figure de la jolie dame en sortit d'un air grave et posé ; l'esprit fort fut déconcerté, et ne dit mot d'abord, mais la dame qui était dans la pièce voisine, imaginant bien la contenance qu'il devait avoir, se mit à rire aux éclats, et la scène finit par de nombreuses plaisanteries.

On a deviné les détails de cette illusion : La boîte dans laquelle le spectateur regarde est percée et peinte en noir à l'intérieur. A travers cette boîte et la table de toilette, l'œil tombe sur un miroir concave incliné de 45 degrés et placé diamétralement au-dessous de la cloison qui sépare les deux pièces et qui est par conséquent ouverte en dessous de la table. La personne qui montre son visage, se trouve dans la pièce voisine, séparée par la cloison, et se penche vers le miroir. Le visage doit être fortement éclairé, et le reste dans l'obscurité.

13° Apparition sur la tombe. — Il n'y a certainement pas d'influence dans toutes celles que fournissent les théories physiques, plus capables de frapper l'imagination que celles de la fantasmagorie, surtout si, sans aucune apparence de préparatifs, le fantasmagore jette sur un brasier quelques grains d'encens ou d'olibanum, à l'instant apparaît sur cette vapeur légère et ondulante, suivant le souhait du spectateur, l'ombre d'un ami, d'un père, d'une épouse, etc.

La fumée sert d'écran pour recevoir l'image venue soit d'un miroir, soit d'une lentille. Les anciens ont dû mettre fort souvent en pratique dans les temples ce jeu d'optique, si, comme nous l'avons dit, ils se servaient de lentilles.

14° Diogène avec sa lanterne. — Pour exécuter ce sujet, il faut faire confectionner par le fabricant de masques une tête de caractère en toile fine, passée ensuite à la cire, ce qui la rend transparente. Fixée artistement sur une planche on la drape d'une manière convenable, et on l'éclaire intérieurement par une lampe sourde, munie d'un petit appareil qui peut se baisser ou se lever rapidement, et dérober ainsi ou rendre tout à coup la lumière, et par conséquent la vue de l'objet aux spectateurs. La lanterne est une simple bouteille cylindrique en verre blanc, contenant de l'huile essentielle de girofle, dans laquelle on a fait dissoudre plusieurs grains de phosphore lorsque l'on ouvre ce flacon, l'air qui s'y introduit en illumine tout l'intérieur. Cette lueur disparaît quand on ferme la bouteille. Quant à l'écriture, elle s'exécute avec un crayon de phosphore dont la trace est lumineuse.

15° ACCESSOIRES DE LA FANTASMAGORIE-HARMONICA. — Les sons mélodieux de l'*harmonica* de Franklin contribuent puissamment aux effets de la fantasmagorie, en préparant non-seulement les esprits, mais les sens mêmes à des impressions étranges par une mélodie si douce qu'elle irrite quelquefois très-énergiquement le système nerveux ; à défaut de cet instrument, la *célestine* aurait la préférence sur un jeu d'orgue. Les instruments à vent, les cors surtout, doivent l'emporter sur les instruments à cordes. Nul n'ignore combien les sons sont solidaires les uns des autres, et quand l'oreille est charmée ou bercée, l'œil est mieux préparé à se laisser séduire.

Tam-tam chinois. — Qu'on use avec réserve de cet instrument, au bruit éclatant et terrible, et seulement dans les moments importants. Un objet quelconque, la tête de Méduse, par exemple, qui aura l'air de venir de loin pour se jeter sur le public, produira plus d'effet si cet instrument est frappé violemment au moment où cette tête aura acquis son plus grand grossissement. Le goût et l'intelligence décident de l'emploi du beffroi.

Malheureusement, il y a souvent fort peu de goût dans certains théâtres; on abuse parfois des instruments bruyants, et l'on remplace par une cacophonie épouvantable une phase d'harmonie qui devrait être bien dirigée. L'effet produit est alors diamétralement opposé à ce qu'il devrait être. Le comique se substitue au tragique, et les éclats de rire s'envolent, remettant la frayeur au prochain numéro.

Nous terminerons ce chapitre, que nous aurions pu illustrer de plus nombreuses expériences, mais dans lequel nous tenions principalement à réunir les principaux types de l'optique amusante, autour desquels peuvent venir se grouper les récréations de moindre intérêt; nous terminerons, dis-je, ce chapitre par l'exposé des principaux sujets représentés d'abord par Robertson, et reproduits depuis par ses successeurs.

Petit répertoire fantasmagorique. Le *rêve* ou le *cauchemar*. — Une jeune femme rêvait dans un songe des tableaux fantastiques, le démon de la jalousie presse son sein avec une enclume de fer, et tient un poignard suspendu sur son cœur; une main, armée de ciseaux, coupe le fil fatal; le poignard tombe, il s'enfonce; mais l'Amour vient l'enlever, et guérit les blessures avec des feuilles de roses.

Mort de lord Littleton. — Lord Littleton soupait

avec quelques amis ; tout à coup il leur demande s'ils ont vu le fantôme qui vient de lui apparaître en lui adressant ces mots : *A minuit tu mourras!* Ses amis le plaisantent sur cette vision ; mais son imagination est frappée. On s'efforce de le distraire, on avance la pendule à son insu pour lui montrer que l'heure prédite n'a pas été fatale Littleton se retire, toujours agité de son pressentiment ; il rentre chez lui, voit que minuit n'est pas sonné, minuit sonne et il expire.

Représentation. — Littleton est à table entre deux personnes. — Un fantôme, l'horloge sonne sept heures. — On entend une voix :

— *A minuit tu mourras!*

Littleton retombe sur sa chaise, et le fantôme disparaît. Tourments et inquiétudes de Littleton...

... On voit un lit. — Quelques feux follets voltigent. — Le fantôme de la veille, ou la Mort, lève le loquet de la porte, entre, s'avance vers le lit, et ouvre les rideaux. — On entend ces mots

— *Littleton, réveille-toi!*

Littleton se soulève, la pendule sonne. — La même voix :

— *Voici l'heure!*

Au dernier coup de marteau, bruit de tonnerre, pluie de feu, Littleton tombe, et tout disparaît.

Préparatifs du sabbat. — Une horloge sonne minuit : une sorcière, le nez dans un livre, lève le bras par trois fois. La lune descend, se place devant elle, et devient couleur de sang la sorcière la frappe de sa baguette et la coupe en deux. Elle recommence à lever la main gauche : à la troisième fois, des chats, des chauves-souris, des têtes de mort voltigent avec des feux follets. Au milieu d'un cercle magique on lit ces mots : DÉPART POUR LE SABBAT. Arrive une femme à califourchon sur un balai, et qui monte en l'air, un démon, un incroyable sur un balai, et beaucoup de figures qui se suivent. Deux moines paraissent avec la croix, puis un ermite pour exorciser, et tout se dissipe.

Young enterrant sa fille. — Sons d'un beffroi ; vue d'un cimetière éclairé par la lune. Young portant le corps inanimé de sa fille. Il entre dans un souterrain où l'on découvre une suite de riches tombeaux. Young frappe sur le premier, un squelette paraît, il s'enfuit. Il revient, travaille avec une pioche. Seconde apparition et nouvel effroi. Il frappe au troisième tombeau, un autre se lève et lui demande :

— *Que me veux-tu?*

— Un tombeau pour ma fille, répond Young.

A peine le couvercle est-il refermé qu'on voit l'âme s'élever vers le ciel, Young se prosterne et reste dans l'extase ..

Naissance de l'amour champêtre. — Une jeune

villageoise plante un rosier ; la Nature l'échauffe de son flambeau, et amène auprès de lui un berger qui l'arrose. Le rosier croît ; il sert d'asile aux tourterelles. L'Amour sort d'une rose, et par reconnaissance unit les deux amis.

Tentation de saint Antoine. — On voit une église, saint Antoine en sort, abandonnant les pieuses cérémonies pour une vie encore plus austère ; l'église disparaît, et saint Antoine est dans le désert : c'est le démon qui, par malice, l'a conduit dans ce lieu, où il lui montre une grotte, un grabat, et les attributs de la mortification. Antoine est à genoux au milieu de la grotte ; de mauvais anges paraissent, et saint Antoine est menacé ; ils lui enlèvent sa couronne d'épines et sa croix : un démon tire son cochon par l'oreille. Un Amour tient d'une main la discipline avec ces mots : *Voici ses armes !* et de l'autre un carquois plein de flèches, avec cette inscription : *Voici les nôtres !* — Les tentations de tous genres se succèdent. Une espèce de pythonisse, à côté d'un vase, en fait sortir différents objets ; un drapeau, *la gloire ;* deux épées, *puissance*, *richesses*, *plaisirs*, etc. Saint Antoine ne répond que ces mots : *Retire-toi, Satan !* Mais le tocsin sonne ; les diablotins mettent le feu à l'ermitage, et une jeune beauté emmène le solitaire, le front ceint de guirlandes.

Un fossoyeur, avec une lanterne, cherche un

trésor dans un temple abandonné; il ouvre un tombeau, y trouve un squelette dont la tête est encore ornée d'un bijou; au moment où il veut l'enlever, le mort fait un mouvement et ouvre la bouche; le fossoyeur tombe mort de frayeur. Un rat était logé dans le crâne.

Voilà, j'espère, une série de jolis sujets.

V

ILLUSIONS CAUSÉES PAR LE JEU DES MIROIRS

Tout le monde sait qu'un kaléidoscope se compose d'un tuyau cylindrique, en carton ou en fer-blanc. A l'une des extrémités, formée par un verre transparent, s'ajuste un autre cylindre de même diamètre, mais beaucoup plus court : celui-ci est terminé par un verre dépoli ; de façon que, les deux cylindres étant bout à bout, l'espace qui reste entre ces deux verres forme une espèce de boîte. Le second bout du grand tuyau est percé d'une ouverture assez petite, par laquelle on peut voir dans l'intérieur. La boîte dont nous avons parlé contient beaucoup de petits objets, tels que des morceaux de fleurs artificielles, de la chenille de différentes couleurs, des perles, etc. Enfin, l'intérieur du grand cylindre est traversé par deux plaques de verres, noircies de manière à faire fonction de miroirs; ces deux plaques sont disposées comme un livre entr'ouvert, et occupent toute la longueur d'un tuyau.

Voici la théorie de cet ingénieux instrument, inventé par le célèbre physicien anglais sir David Brewster, dont nous avons parlé dans ce livre.

On sait que si *un point lumineux*, le centre de la flamme d'une bougie par exemple, est placé devant un miroir, ce point envoie des rayons lumineux dans toutes les directions.

Parmi ces rayons lumineux, ceux qui tombent sur la surface du miroir, sont *réfléchis* de manière que l'angle de réflexion est égal à l'angle d'incidence. Il suit de là que si un observateur est placé de telle sorte qu'un objet l'empêche de voir *directement* le point lumineux, il lui semblera que ce point est placé de l'autre côté du miroir et à égale distance. Voilà pourquoi, lorsqu'on se regarde dans une glace, on se voit comme si l'on était placé de l'autre côté.

Supposez actuellement deux miroirs placés *perpendiculairement* à angle droit. Chacun d'eux donne d'abord une image; puis, en examinant le jeu des rayons, on trouve une troisième image, provenant de ce qu'en certaine position, les rayons sont réfléchis deux fois.

Si donc on regarde, par l'ouverture du kaléidoscope, un objet placé dans l'intérieur de la boîte, et si les deux miroirs sont perpendiculaires, on apercevra cet objet directement, et en outre les trois images : on croira donc voir quatre objets semblables, et placés d'une manière symétrique. Il est facile de comprendre qu'en donnant une autre inclinaison convenable aux miroirs, on pourra, au lieu de quatre impressions du même objet, en avoir cinq, six, et même autant que l'on voudra. Il est facile aussi de comprendre quelle immense variété de dessins peut offrir un kaléidoscope : pour peu que l'on donne un petit mouvement à l'instrument, on obtient, comme par enchantement, les changements à vue les plus curieux. C'est ainsi qu'un petit appareil, qui semble n'être qu'un jouet d'enfant, est utilement employé par les dessinateurs de cachemires et d'autres étoffes[1].

Anamorphoses[2]. Les miroirs plans réfléchissent, comme on l'a vu, l'image droite et symétrique des objets qui sont exposés à leur réflexion ; les miroirs concaves sphériques montrent, suivant la distance à laquelle ils sont placés d'un objet, cet objet plus petit et renversé, ou plus grand et droit. Les miroirs convexes montrent toujours l'objet plus petit et droit. Dans ces deux cas, il n'y a pas plus de déformation de l'objet que dans le premier ; ses

[1] Voy. *le Magasin pittoresque*, t. VI. p. 116.
[2] *Ibid.*, t. XII, p. 250

dimensions augmentent ou diminuent dans les mêmes proportions. Il en est tout autrement quand le miroir n'est pas une portion de sphère Alors les images deviennent difformes; elles s'allongent ou s'élargissent, et ne sont plus que la représentation grotesque de la réalité. Pour ceux qui considèrent ces images à l'aide de la simple vue, directement et sans intermédiaire, il se produit dans ce cas le phénomène nommé *anamorphose* ou *destruction des formes*. Ainsi la forme de l'image dépend de la loi que suit la lumière réfléchie, de la forme de la surface sur laquelle vient se peindre l'image et de la position de l'œil. On peut déterminer géométriquement les différentes parties du dessin qu'il faudrait figurer sur un carton plan pour que, vu par réflexion au moyen d'un miroir de forme donnée, il produisît sur un œil, dont la position relative serait connue, telle ou telle apparence déterminée. Nous allons donner un exemple de ce phénomène qui fera comprendre à nos lecteurs comment il peut se produire.

Supposez le portrait de femme (fig. 62); divisez-le verticalement et horizontalement par des lignes parallèles et équidistantes, limitées par les quatre lignes extrêmes, A, B, C, D; ensuite, sur un morceau de papier séparé, préparez le dessin de la figure 2' par la méthode suivante : tracez une ligne horizontale *ab* égale à AB, et divisez-la en autant de parties égales qu'il y a dans AB. Par le milieu de *ab*, tirez une ligne *ev* qui lui soit perpendiculaire, et tracez *sv* parallèle à *ab*. La longueur des deux lignes *ev* et *sv* est tout à fait arbitraire; mais plus la première sera longue et la seconde courte, plus la déformation du dessin sera frappante.

Après avoir tracé du point *v* aux divisions de *ab* les lignes *v* 1, *v* 2, *v* 3, *v* 4, suivez la ligne *sb*, et par chacun des points où cette ligne rencontre les lignes qui divergent du point *v*, tracez d'autres lignes horizontales parallèles à *ab*. Vous aurez ainsi un trapèze *abcd* divisé comme le carré ABCD de la fig. 1. Il ne reste plus qu'à remplir les cases de la fig. 2 avec les parties correspondantes de la fig. 1. Ainsi, par exemple, dans la fig. 1, le nez est dans la quatrième division verticale à partir de la gauche, et dans les troisième et quatrième divisions horizontales à partir du haut du dessin. Pour le transporter exactement dans les divisions correspondantes de la fig. 2, il faut nécessairement le déformer beaucoup. On remarquera que

Fig. 62.

plus les divisions seront nombreuses, plus cette opération deviendra facile. Le moyen le plus simple est de faire tomber les points d'intersection des lignes verticales et horizontales sur les parties saillantes du dessin ; après quoi il est aisé de placer le reste des traits.

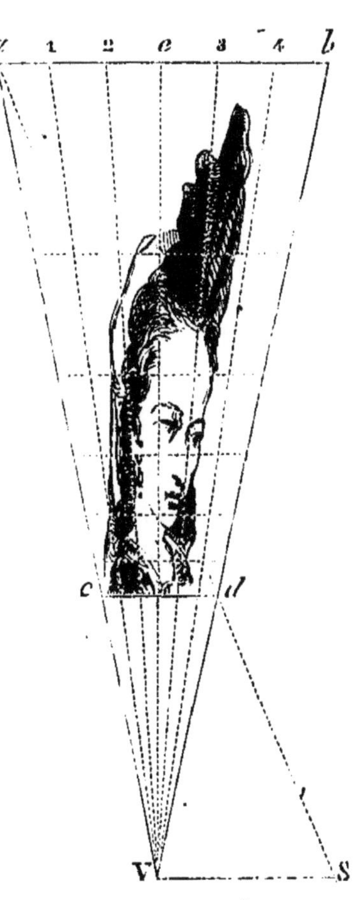

Fig. 65. — Anamorphoses.

C'est par ce moyen qu'on a dessiné l'*anamorphose* de la fig. 2, qui, vue d'un point particulier, perd toute difformité, et représente exactement le dessin de la fig. 1. Ce point se trouve immédiatement au-dessus du point *v* et à une hauteur égale à la longueur de la ligne *sv*. Voici la méthode à suivre pour le déterminer : placez le dessin horizontalement devant une fenêtre; prenez un morceau de carte à jour dont vous mettrez le tranchant inférieur sur la ligne *sv*, en ayant soin de la maintenir exactement verticale; percez-la d'un petit trou au-dessus du point *v* et à une distance de ce point égale à la longueur de la ligne *sv*; regardez l'anamorphose à travers ce trou en appliquant l'œil contre la carte, et vous remarquerez, aussitôt que votre œil se sera accoutumé à voir de cette manière, que l'anamorphose a perdu ses disproportions, et, à peu de chose près, a le même aspect que la figure correspondante.

Il serait difficile, sans avoir recours à des démonstrations géométriques fort longues, d'expliquer pourquoi la construction particulière que nous avons indiquée amène tel résultat plutôt que tel autre. Peut-être comprendra-t-on mieux en adoptant un moyen *mécanique* pour faire l'expérience, moyen qui, du reste, dans beaucoup de cas, sera le plus facile à employer.

Tracez un plan sur un papier, et percez-le avec une épingle d'un grand nombre de petits trous, de manière à dessiner les principaux contours et les détails intérieurs du plan; puis, placez ce papier verticalement au-dessus d'une feuille de papier horizontale; derrière votre dessin mettez une lumière à une certaine distance : les rayons lumineux passeront à travers les trous et iront se projeter sur la surface préparée pour recevoir l'anamorphose; marquez au crayon sur le papier horizontal les points ainsi obtenus, et vous aurez produit le phénomène. L'œil, placé à l'endroit où était le point lumineux, n'aperçoit que les contours réguliers du dessin, qui paraît grotesque et difforme à un observateur placé en tout autre point.

Nous avons supposé, dans l'expérience qui précède, le dessin vertical, l'anamorphose horizontale, et tous deux tracés sur des surfaces planes; le point lumineux était placé près du dessin et un peu élevé au-dessus de lui. Mais on peut faire varier toutes ces conditions à volonté. Le dessin peut être indifféremment vertical ou incliné, la surface où vient se peindre l'anamorphose horizontale ou inclinée, plane ou courbe, la lumière peut être plus ou moins élevée au-dessus du dessin, plus ou moins éloignée de lui; chacune des combinaisons qu'on peut faire ainsi donne naissance à de nouveaux aspects de l'anamorphose; mais il suffit toujours, pour rendre à l'objet sa forme régulière, de faire occuper à l'œil de l'observateur la place même du point d'où est partie la lumière. Tel est le principe fondamental de l'expérience.

En général, les sujets sont tellement choisis et le degré de déprimation est tel, que les figures sont complétement inintelligibles pour ceux qui les regardent par les moyens ordinaires et sans connaître l'expérience. Quelques artistes sont même parvenus à donner à l'anamorphose l'apparence d'une figure qui se change en une autre tout à fait différente, quand on la regarde d'un autre point de vue.

On rencontre quelquefois chez les opticiens une espèce d'anamorphose qui, bien qu'elle ne soit qu'un jouet, est très-curieuse, et rentre d'ailleurs dans notre sujet. Un miroir conique est appuyé par sa base sur une feuille de papier couverte de lignes confuses; quand l'œil est placé dans un point défini et que les lignes se réfléchissent dans le miroir, la confusion cesse, et l'on voit apparaître une figure régulière. La construction de cette anamorphose est la plus ingénieuse application de la loi que nous avons annoncée plus haut, savoir : que dans la lumière réfléchie l'angle d'incidence est égal à l'angle de réflexion ; et quoique nous ne puissions pas entrer ici dans tous les détails de l'opération, nous donnerons cependant quelques mots d'explication.

Le dessin est préparé sur un morceau de papier et limité de tous côtés par une circonférence. On divise le cercle en segments égaux au moyen de rayons allant du centre à la circonférence, et ces segments sont eux-mêmes divisés par des portions de cercles concentriques et équidistantes. La surface du dessin est aussi partagée en plusieurs parties curvilignes; plus il y en a, plus il est facile de construire l'anamorphose : tel est le patron qui doit servir à l'effectuer. Mais auparavant il faut tracer sur un papier des lignes particulières ; c'est là le point difficile, car il s'agit d'arranger les lignes et les cercles de telle façon, que, quand le miroir conique est placé sur le papier et l'œil au-dessus de lui et dans le prolongement de son axe, la réflexion de toutes ces lignes produit une figure semblable à celle du dessin original. Il faut pour cela tenir compte d'une foule de circonstances, telles que le diamètre de la base du cône, le rapport du diamètre à la hauteur, l'inclinaison des arêtes, l'élévation de l'œil au-dessus du sommet. Tout cela se détermine géométriquement sur le papier, et on en déduit les lignes et les cercles voulus. L'anamorphose, ou plutôt la surface préparée pour la recevoir se compose de rayons et de cercles concentriques comme l'original, mais dans des proportions différentes : alors on procède au tracé du dessin. Il y a encore là quelque difficulté ; car la partie du dessin qui se trouvait au centre du patron doit être transportée à la circonférence de l'anamorphose, tandis que les parties extérieures se trouvent au centre, ou plutôt près du centre. Il faut laisser au milieu un espace destiné à recevoir la base du miroir conique, et l'œil placé au point convenable, au-dessus du sommet, voit des figures régulières se réfléchir sur la surface.

Ces illusions d'optique surprennent grandement ceux qui ne sont familiers ni avec leur nature ni avec leurs causes, surtout quand ils comparent l'anamorphose à la figure qu'ils voient. L'effet est encore plus remarquable quand on se sert d'un miroir de forme pyramidale, ou dans ce cas une partie seulement du dessin tracé sur le papier est visible à l'œil placé au-dessus du sommet. Tous les rayons qui tombent sur les angles de la pyramide ou sur les autres plans qui ne sont pas verticaux, ne sont pas réfléchis vers l'œil et ne contribuent pas à former l'image. Par conséquent, on peut, dans les parties correspondantes sur le papier, tracer telle grotesque forme qu'on veut, en ayant soin toutefois de ménager le dessin correct de tous les points qui envoient des rayons à l'œil, et l'anamorphose peut ainsi dérouter toutes les idées du spectateur non initié (fig. 2).

On voyait à Paris, dans le cloître des Minimes de la place Royale, deux anamorphoses tracées sur deux des côtés du cloître : l'une représentait la Madeleine, l'autre saint Jean écrivant son Évangile. Elles étaient telles que, quand on les regardait directement, on ne voyait qu'une espèce de paysage, et quand on les regardait d'un certain point de vue, elles représentaient des figures humaines très-distinctes. Ces deux figures étaient l'ouvrage de P. Nicéron, minime, qui a fait sur ce même sujet un traité latin intitulé *Thaumaturgus opticus*, Optique miraculeuse, dans lequel il traite de plusieurs phénomènes curieux d'optique, et donne fort au long les méthodes de tracer ces sortes d'anamorphoses sur des surfaces quelconques.

VI

OMBRES CHINOISES

Au milieu de nos conversations sur la fantasmagorie et tous ces accessoires, il serait impardonnable d'oublier un jeu, bien naïf, il est vrai, mais qui a son mérite et qui ne laisse pas de présenter à l'imagination des impressions originales. Il est peu de pays au monde qui n'ait eu son théâtre d'ombres chinoises, et si ces sortes de représentations sont encore primitives, elles ont un double motif d'intérêt pour l'observateur. Avant de parler de l'honneur qu'on continue de leur faire partout, voyons d'abord en quoi elles consistent essentiellement.

Sur la scène, le châssis dont la toile doit recevoir les silhouettes noires, est couvert d'une gaze d'Italie blanche, vernie avec le copal. Différents châssis doivent être préparés, sur lesquels on dessine au trait les sujets d'architecture ou de paysages, en rapport avec les pièces qui doivent être jouées. Les ombres de ces sujets sont fournies par des doubles de papier découpés. Pour imiter les clairs, un ou deux suffisent ; les demi-teintes nécessitent trois ou quatre doubles ; les ombres en demandent six. Pour que ces papiers coïncident exactement on les calque sur le trait du tableau, et pour qu'ils s'appliquent plus exactement encore on peut réformer le tout au moyen d'un pinceau et d'un peu de bistre.

Les figures qui doivent jouer sont en carton découpé, et leurs membres sont rendus mobiles au moyen d'un fil. On les fait jouer derrière le châssis, et très-près, afin d'obtenir une ombre bien nette. Elles sont naturellement vues de profil et ne paraissent entrer en scène que lorsqu'elles émergent des parties ombrées vers les parties plus claires. Telle est la disposition essentielle de ce simple et primitif appareil. L'adresse avec laquelle ces silhouettes exécutent les pièces de théâtre qu'on veut leur faire représenter, leurs mouvements et leur élégance, dépendent évidemment de l'habileté et de l'habitude de celui qui les expose à la curiosité publique. Comme aux petits théâtres de comédie enfantine fondés par Guignol, certaines personnes jouissent de la faculté de jeter une grande illusion sur ce tableau, soit par leur adresse à surprendre l'intérêt, soit par certains accessoires qui, comme la musique, la ventriloquie, prêtent singulièrement à l'effet.

Le Magasin pittoresque nous offre une relation élégante du théâtre des ombres chinoises à Alger, nous écouterons un instant son narrateur.

« Quel bruit ! quel tumulte dans la ville ! quel bonheur sur tous ces visages ! Est-ce bien là ce peuple qu'on nous disait si grave et si impassible ? On s'aborde, on se félicite, on s'embrasse dans les rues : on dirait des Parisiens au premier jour de l'an. Comme ces enfants bondissent sous leurs petites vestes brodées avec ce petit fez tout neuf, qui couvre à peine le sommet de leurs têtes fraîchement rasées? Sont-ce bien là les fils du prophète ? Par ici, auprès de cette grande mosquée, un groupe de jeunes espiègles aux visages épanouis jettent avec de longues burettes d'argent de l'eau de rose ou de jasmin, qui retombe en léger brouillard sur les passants : ceux-ci se retournent en souriant, et leur donnent quelques pièces de monnaie. C'est que nous sommes aux fêtes de Béiram, le mois de rhamadan vient de finir, et avec lui le long jeûne imposé par la loi de Mahomet à tout fidèle croyant. Hier encore cette population si gaie et si heureuse était morne et triste, ces hommes étaient accroupis silencieux, pâles, sans pipe, sans café, sur le seuil de leurs boutiques. Mais une salve de coups de canon a annoncé à la ville enthousiaste la fin des privations, les cafés sont pleins, les bazars sont encombrés, le narguilé et le tchibouck ont repris leurs droits, partout, dans les rues, sur les places, des marchands ambulants vendent des sucreries, des petits gâteaux, des sorbets, des fèves grillées, des pâtés d'amandes et de figues, des sardines et des piments rôtis. Dans les plus pauvres maisons on cuit le kous-koussou national et une pâtisserie assaisonnée de canelle et de miel.

« Avec le soir commencent d'autres plaisirs. La ville n'a qu'un seul théâtre, celui des ombres chinoises : le directeur peut compter sur une abondante recette, et il n'épargnera rien pour charmer ses spectateurs. Déjà la foule assiége la porte entrez avec elle dans cette longue salle voûtée ; ne cherchez ni loges, ni galeries, ni stalles, ni bancs · le public, peu difficile, s'assied sur le sol ; les conversations s'engagent à demi-voix. Une demi-heure, une heure s'écoulent · le parterre est grave et patient ; on n'entend ni trépignements ni sifflets. Mais enfin l'assemblée est assez nombreuse au gré du directeur, et tout est prêt sur la scène, — silence ! — le lustre s'éteint. Le factotum du *Séraphin* arabe est venu souffler deux chandelles dont la mèche fumante laisse échapper longtemps un parfum peu oriental; et maintenant écoutez, et surtout regardez.

« Voici la légende des Sept dormeurs, naïve et touchante histoire populaire. Vient ensuite le magnifique sultan Saladin, entouré de toute sa cour. Schéhérazade passe en racontant à son époux attendri ces contes qu'elle conte si bien. Et ce jeune homme, terrifié à l'aspect d'un génie fantastique qu'un pouvoir inconnu vient d'évoquer, c'est Aladin et sa lampe merveilleuse. Mais c'est là de la haute poésie. Voici à présent la comédie et le pamphlet. D'abord, à tout seigneur tout honneur. Le diable, oui ! le diable lui-même, joue le premier rôle dans cette seconde partie du spectacle : il paraît subitement, grotesquement affublé d'un habit à la française et portant une croix blanche sur la poitrine, comme nos anciens croisés. Après le diable, on voit s'élancer sur la scène Carhageuse, le grand, l'incomparable bouffon de l'Orient ; il a je ne sais quelle conversation railleuse et fort ridicule avec une jeune Juive qui se balance mollement : c'est une jeune mariée, comme le prouve son long sarmat, lourde coiffure en filigrane d'argent. A Carhageuse succède un pauvre barbier, que le sultan Shalabaam vient d'élever à la dignité de grand visir ; un chaouch (bourreau), armé d'un yatagan formidable, a coupé la tête à l'ancien dignitaire dont le barbier va prendre la place, et les spectateurs d'applaudir à outrance. Bravo! bravo! voilà un Juif à qui on donne la bastonnade! Bravo! voici un *roumi* (chrétien), à qui on va couper les oreilles. Bravo! le muselmun (musulman), triomphe toujours, à peu près, est-il permis de le dire? comme l'armée française au Cirque-Olympique. Je ne sais ce qu'en pensent quelques enfants d'Israël mêlés à la foule et dont je ne distingue plus les traits; pour moi, je doute si je dois soupirer ou sourire en voyant sur toute la terre tous les peuples si profondément convaincus de la supériorité de leur race et de leur valeur : c'est peut-être, après tout, une condition de leur patriotisme et de leur progrès : mais que de maux en découlent! la jalousie, la haine, les rivalités, les antipathies nationales, l'esprit d'envahissement... Mylord B., qui prête l'oreille à ma digression philosophique, me répond naïvement : « Mais vous conviendrez que toutes « les nations ne peuvent pas être égales, et qu'il « faut bien qu'il y en ait une qui soit la première « entre toutes, et il est clair comme le jour que « c'est... l'Angleterre!»

« Attention! voici le bouquet! c'est un combat naval : d'un côté sont les vaisseaux musulmans; de l'autre côté la flotte espagnole. Entendez-vous le bruit de la grosse caisse? ce sont les coups de canon! Quel désordre, quel combat acharné! Courage! Feu sur les chrétiens! Allah est pour les vrais croyants! Encore un effort, et tout est fini! Les vaisseaux espagnols désemparés coulent bas, et la flotte musulmane victorieuse défile au bruit de la grosse caisse et du tambour de basque, aux applaudissements et aux bravos de la foule, pendant que vers le haut du tableau se détache une inscription lumineuse en caractères arabes : *Il n'y a pas d'autre Dieu que Dieu, et notre seigneur Mahomet est son prophète.* »

On vient rallumer les deux chandelles, et la foule se retire émerveillée.

Les ombres chinoises ont fait le tour du monde, on les rencontre à Java comme à Paris. Généralement les sujets de pièce des Javanais nommés « topeng » sont puisés dans la mythologie ou dans l'histoire héroïque de la contrée. Les ombres chinoises y sont consacrées à des représentations aussi sérieuses. On y représente les vieilles légendes du pays, comme dans le nôtre ; on y récite les épopées antiques. Stamford Ruffles rapporte que la toile derrière laquelle paraissent les ombres est blanche, et qu'elle a dix ou douze pieds de large sur cinq de hauteur. Les personnages sont découpés dans des pièces de cuir épais : la tête, les pieds, les bras, sont mis en mouvement au moyen de tiges de corne très-minces. Comme marionnettes, elles sont dorées et peintes avec goût. Autrefois elles étaient d'une exécution plus élégante et plus parfaite que de nos jours, mais il paraît qu'elles ont été altérées à l'instigation de l'un des premiers apôtres musulmans qui, ne pouvant obtenir que le peuple de ces îles renonçât entièrement, comme les véritables fidèles de la foi mahométane, à des représentations de figures divines et humaines, parvint du moins à faire déformer ces images et à ne leur laisser qu'une lointaine analogie avec les proportions du corps.

On serait également autorisé à croire que ces types sont restés informes, comme tous les dessins primitifs que l'art n'a pas fait progresser vers une représentation plus intelligente et plus accomplie.

Associons aux ombres chinoises deux genres de découpures qui n'offrent pas moins d'intérêt, et surprennent agréablement les yeux qui sont témoins pour la première fois de leur effet singulier.

Voici (fig. 64), dans un de ces bons vieux salons du temps passé, un spectacle de cartes découpées, dont les têtes informes et méconnaissables lorsqu'elles sont vues au clair sur la carte elle-même, produisent un effet satisfaisant lorsqu'on place ces cartes entre une bougie et un mur, et qu'on en examine l'ombre. Les parties découpées dans la carte produisent les chairs et les clairs ; les parties restées donnent les cheveux, la barbe, les voiles et les ombres. Nous avons parfois rencontré à Paris, le soir, sur le boulevard des Capucines, un marchand de ces sortes de cartes, une chandelle de la main gauche et un chef-d'œuvre de la main droite, projetant sur le volet d'une boutique, la forme de figures historiques devant lesquelles s'arrêtent étonnés un nombre considérable de promeneurs. L'ombre de Napoléon flotte sur les murs de Paris. Comme disposition, il faut avoir soin de ne pas placer la carte découpée trop près du mur destiné à recevoir son ombre, car alors cette ombre trop accentuée est dure et le blanc ressort trop rudement sur le mur. Réciproquement, trop près de la lumière on n'a qu'une image confuse. Il y a une position moyenne, que l'on trouve facilement, où l'effet est le plus remarquable, et où le dessin est aussi modelé que celui d'une estampe, tant les demi-teintes se fondent merveilleusement, tant leurs tons sont harmonieux. Si la carte a été découpée par un bon dessinateur, ce jeu peut devenir un excellent moyen de former la main à la nuance des images. Il va sans dire que le vague des contours n'est autre chose que la pénombre.

La seconde surprise par laquelle nous voulons terminer ce chapitre des ombres chinoises, c'est celle des *estampes et jouets séditieux*.

« Vers 1817, un soir d'hiver, dit un narrateur[1],

[1] *Magasin pittoresque* 1862

Fig. 64. — Les découpures

comme nous étions assis autour de la table, écoutant une lecture que nous faisait mon père, nous vîmes entrer un officier de l'empire, ami de notre famille. Il était sérieux, un peu roide, et sa redingote était boutonnée jusqu'au menton, selon son habitude. Il répondit à peine à notre bonsoir. Je lui présentai une chaise; il l'approcha plus près de la table, s'assit, et nous fit un geste de la main et des yeux qui voulait dire tout à la fois : « Silence et discrétion. » Il y avait dans sa physionomie quelque chose de plus mystérieux qu'à l'ordinaire. Chacun de nous s'attendait à une nouvelle extraordinaire ou à l'apparition de quelque chanson ou brochure bonapartiste. Notre surprise fut grande lorsque le brave capitaine se mit à dévisser gravement la pomme de sa canne. Cette pomme était en buis et n'avait point une forme particulièrement agréable. Le vieil officier prit un de nos cahiers en papier blanc, le plaça à une certaine distance de la lampe, puis posa dessus le petit morceau de bois tourné. On n'y comprit rien d'abord, et je ne sais s'il s'apprêtait à rire ou à s'étonner de notre peu d'intelligence. Ce fut mon jeune frère qui le premier s'écria : « Ah! voyez donc! la figure de Napoléon! » En effet, les ombres projetées par les profils sinueux de la pomme de canne reproduisaient très-nettement et très-fidèlement la figure classique de l'illustre exilé.

La physionomie du capitaine s'illumina, et des larmes vinrent à ses paupières. « Nous le rever-

Canne. Cachet

Fig. 65. — Jouets séditieux.

rons! » murmura-t-il d'une voix sourde, et il chanta le refrain d'une chanson bonapartiste alors fort à la mode. Pendant tout le reste de la soirée, il fut très-animé, et nous prouva par toutes sortes de bonnes raisons qu'avant six mois la grande armée prendrait sa revanche de Waterloo. Quelques semaines après, il n'y avait pas dans la ville un ancien soldat qui n'eût le petit morceau de bois tourné au bout de sa canne ou de sa pipe. Puis un jour vint une panique, et personne ne vit plus ombre du petit morceau de bois. »

Voici cette pomme de canne, et ce cachet représentant des têtes historiques. Nous pourrions ajouter à ces effets ceux des estampes séditieuses, comme les vases funéraires entourés de saules penchés, dont la forme et la distribution est telle qu'on peut y reconnaitre les têtes de toute la famille royale, ou encore comme cet impérial bouquet de violettes dont le feuillage découpe habilement le profil de Napoléon Ier, de Napoléon II et de Marie-Louise, mais il importe que nous ne nous étendions pas longuement sur des motifs qui ne se rattachent qu'indirectement au sujet principal de ce livre.

VII

POLYORAMA — DISSOLVING VIEWS — DIORAMA

A la suite des œuvres merveilleuses de la fantasmagorie, il convient de placer le polyorama, qui n'est lui-même qu'une application des mêmes procédés. Dans le cas présent, la fantasmagorie est double au lieu d'être simple. Il y a deux systèmes de lentilles, situés l'un à côté de l'autre, sur la même ligne, disposés pour le même foyer et la même grandeur, et dont les images peuvent mutuellement se superposer. Dans chacun des appareils, il y a les mêmes tableaux, en des conditions différentes. Voici un exemple :

Dans les fantascopes des pages 253 et 273, la lanterne porte deux appareils : l'appareil de droite porte un verre dont l'image amplifiée représente un squelette revêtu d'un suaire : c'est cette image qui se peint actuellement sur la toile. L'appareil de gauche porte un verre représentant identiquement le même squelette, mais sans suaire. Si donc, à un moment donné, on ferme le premier appareil, les spectateurs placés devant la toile croiront voir le spectre se dépouiller de son suaire, qui disparaît en s'évanouissant, et n'auront plus sous les yeux qu'un squellette nu.

L'appareil de droite pourrait de même simplement revêtir un suaire; mais dans ce cas, les deux systèmes devraient jouer simultanément.

Il n'est pas nécessaire de placer toujours des images aussi lugubres devant la lentille . on peut offrir un habillement ou un déshabillement plus coquet et plus agréable que celui-là. On peut de même représenter une scène de la nature en des conditions différentes, par exemple un volcan en ses jours de calme et de tranquillité, éclairé par la lumière luxuriante du soleil, orné de verdoyants tapis et surmonté d'une légère colonne de fumée; puis ce même volcan en ses nuits d'embrasement et d'horreur, lançant dans l'espace des tourbillons de matières enflammées et ruisselant à ses côtés de laves incendiaires. Par un mécanisme appliqué aux deux systèmes, on peut ouvrir progressivement le second appareil pendant que le premier se referme insensiblement, et produit ainsi un effet naturel de succession qui ajoute singulièrement au charme. C'est ainsi qu'on fait succéder un paysage de nuit, éclairé par la blanche et tremblante clarté de la lune, au crépuscule d'un beau jour et au même paysage illuminé par l'éclat du soleil, un désert à une campagne fertile, l'hiver à l'automne et le printemps à l'hiver, etc. C'est de cette faculté de produire plusieurs vues qu'on a tiré le nom de polyorama.

Nos voisins d'outre-Manche ont donné le nom de *dissolving views* à un système de double fantasmagorie qui est absolument le même que le précédent, et l'on n'a gardé cette désignation que pour les derniers effets que je viens de décrire : la succession insensible des contrastes les plus frappants sur un même tableau, comme une forêt vierge à une rue de Paris, un bal élégant à un marché public.

Le diorama, inventé par Daguerre, ne ressemble que par ses effets aux appareils précédents, comme construction, il en diffère essentiellement. Comme son étymologie l'indique, ses tableaux sont vus *à travers*, et sont par conséquent peints des deux côtés de la toile transparente. Comme le polyorama, il y a sur cette toile une succession de deux effets bien différents, mais cette succession n'est plus produite par un appareil de fantasmagorie : elle est uniquement due à la transparence de la toile et à une double disposition d'éclairage.

Ce grand tableau, disposé verticalement comme le représente la figure, est peint en avant et en

Fig. 66. — Diorama.

arrière. Le premier effet est éclairé par la réflexion d'une toile mobile située au-dessus de lui, qui reçoit la lumière de l'étage supérieur. Le second effet sera éclairé directement en arrière par une fenêtre dont les volets sont actuellement fermés. D'après cette disposition, il est facile de s'apercevoir que lorsqu'on veut présenter le sujet peint sur le devant du tableau, on ferme ces volets et l'on réfléchit obliquement d'en haut la lumière de l'écran supérieur, et que lorsqu'on veut substituer à ce sujet celui qui doit donner la transparence, on baisse insensiblement cet écran pendant que l'on ouvre en même temps successivement les volets d'arrière.

L'effet produit par cette substitution est merveilleux, et Daguerre avait particulièrement acquis une habileté étrange dans ce genre de peinture. On cite surtout sa *Messe de minuit :* une église obscure, simplement éclairée par la veilleuse du sanctuaire, et toutes les chaises vides; puis successivement l'église s'illumine, les fidèles apparaissent et bientôt on assiste à la solennité de la fête, et une assemblée innombrable de fidèles remplissent les rangs et les allées. On cite encore l'église Saint-Germain l'Auxerrois, tableau si bien dissimulé et dont l'illumination était si complète qu'on rapporte qu'un villageois des environs de Paris ne put en croire ce qu'on lui disait et voulant s'assurer si c'était bien l'espace de la nef qu'il avait devant lui et non la toile, tira un sou de sa poche et le lança sur la peinture. Signalons encore la vallée de Goldau, près de Lucerne, au terrible éboulement du 2 décembre 1806. Par transparence, on assistait à la tempête ; le ciel était sillonné d'éclairs, les éclats retentissants de la foudre ajoutaient à l'illusion, un violent orage était déchaîné. Après cette nuit d'horreur, on avait sous les yeux l'image de la ruine et de la désolation ; ce n'étaient plus que rochers éboulés et terrains bouleversés là où quelques minutes auparavant on avait admiré la plus riante vallée, le plus charmant paysage.

VIII

LE STÉRÉOSCOPE

Après l'intérêt que nous avons accordé dans les chapitres précédents aux récréations d'optique purement amusantes, nous devons avant de terminer nos entretiens, revenir à des objets moins frivoles et qui, tout en se rattachant à ces récréations par certains aspects, méritent cependant une attention plus sérieuse. Déjà l'étude du polyorama et du diorama nous a servi de transition. En ce chapitre nous parlerons particulièrement d'un instrument ingénieux destiné à montrer le relief des objets dont l'image nous est représentée.

Nous avons vu dans la première partie que notre sens visuel, quoique unique, est cependant servi par deux appareils, par nos deux yeux, et que c'est grâce à cette vision binoculaire que nous apprécions le relief des objets. Un cyclope ne distinguerait pas un dessin d'un bas-relief, parce que le seul œil dont il serait doué ne pourrait voir le corps observé que sous un seul aspect, tandis qu'en réalité nous le voyons à la fois sous deux aspects différents. Soit par exemple ce dé à jouer placé à distance de nos yeux et regardé nécessairement par chacun d'eux, notre tête restant immobile. Le dé se trouvant dans la position indiquée par le dessin, si nous le regardons d'un seul œil, de l'œil gauche par exemple, nous saisirons en perspective la face de gauche; si nous le regar-

Fig. 67.

dons de l'œil droit, nous saisirons également en perspective un peu de la face de droite. Les images reçues par chacun de nos yeux ne sont donc pas identiques. Or c'est précisément leur différence qui nous donne la sensation du relief.

Tel est le principe du stéréoscope, instrument ainsi nommé de deux mots grecs qui signifient « voir solide, » autrement dit : « voir avec les trois dimensions, hauteur, épaisseur et longueur. » Deux dessins, ou pour mieux dire deux photographies d'un même objet, buste, édifice, etc., étant vues respectivement avec la perspective appartenant à l'œil droit et à l'œil gauche, et étant présentés aux yeux à l'aide de prismes ou de lentilles qui, par une légère déviation les fassent coïncider en une seule image comme si cette image provenait d'un objet unique; l'impression produite sur chaque rétine sera la même que si l'on avait devant les yeux le relief photographié.

Fig 68. — Stéréoscope.

Il paraît que la théorie du stéréoscope remonte à une haute antiquité et qu'elle fut connue du géomètre Euclide, du médecin Galien et de tous ceux qui depuis cette époque s'occupèrent de la vision binoculaire. Mais au point de vue pratique, le seul que nous ayons à considérer ici, nous ne pouvons remonter au delà de 1838, année où cet ingénieux appareil fut imaginé pour la première fois à Londres, par M. Wheatstone. Encore cet instrument, tel que nous l'employons aujourd'hui, est-il dû surtout aux perfectionnements de Brewster et aux constructions de Duboscq.

Dans l'appareil primitif, la coïncidence des deux images était causée par la réflexion sur deux miroirs plans inclinés à 45 degrés, c'est-à-dire de la moitié de l'angle droit. Le perfectionnement de Brewster consiste à opérer la coïncidence par réfraction au lieu de réflexion, résultat qu'il atteignit en coupant en deux une lentille biconvexe et en plaçant la moitié droite devant l'œil gauche et la moitié gauche devant l'œil droit. Voici la marche des rayons dans cette construction.

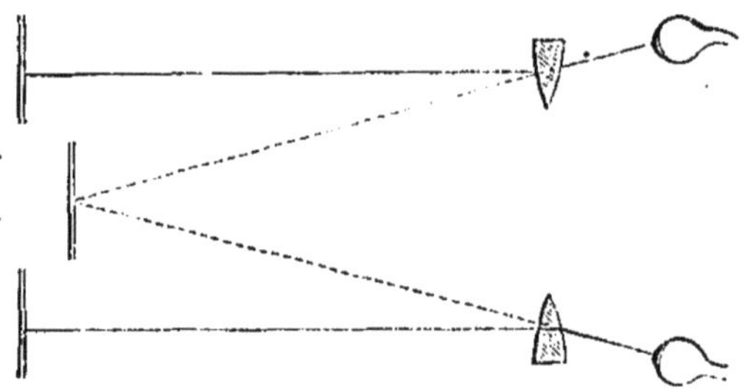

Fig. 69. — Marche des rayons dans le stéréoscope.

Pour que la coïncidence soit absolue et l'illusion complète, il est nécessaire de se servir d'une photographie, car il est impossible d'exécuter à la main une reproduction exacte des objets suivant cette légère perspective. C'est pourquoi les progrès des images stéréoscopiques ont suivi parallèlement ceux de la photographie. On possède aujourd'hui des épreuves remarquables qui donnent une illusion complète et toujours surprenante.

Observation assez curieuse: les merveilleux effets du nouvel instrument imaginé par Brewster ne furent pas compris dans son pays : il lui fallut venir à Paris pour en tirer parti. C'était en 1850. Les Parisiens et les Français firent bientôt la vogue du stéréoscope, et, depuis cette époque, c'est par millions que l'on peut compter les exemplaires construits de cet ingénieux et utile appareil, ingénieux, car il transforme radicalement l'aspect des figures, utile, car il permet à l'artiste de substituer dans ses leçons des modèles en relief aux dessins souvent imparfaits qui lui servaient jusqu'ici à démontrer les principes de la géométrie et des beaux-arts.

IX

CHAMBRE OBSCURE ET CHAMBRE CLAIRE

La construction de la chambre obscure est fondée sur une observation que nous avons déjà signalée en parlant de la rétine : que les rayons de lumière, en franchissant une petite ouverture, viennent peindre en arrière une image petite et renversée des objets. Le premier qui publia avoir observé ce fait est J. B. Porta, physicien napolitain, qui, vers 1680, observa qu'après avoir percé un trou dans un volet les objets extérieurs vinrent se reproduire sur un écran, et qu'en appliquant à l'ouverture une lentille convergente on pouvait donner une grandeur quelconque à cette ouverture. Le renversement des images provient uniquement du croisement des rayons dans cette petite ouverture, comme on le remarque dans la figure 70.

La forme des images est indépendante de celle de l'ouverture lorsque celle-ci est très-petite. Qu'elle soit ronde, ovale, carrée ou triangulaire, l'objet qui se reproduit garde sa forme. On peut facilement l'observer dans une avenue d'arbres ombreux ou dans un bois : les rayons de soleil qui passent entre les feuilles dessinent sur le sol un cercle lumineux, quoique évidemment les ouvertures fortuites formées dans le feuillage soient de toutes les formes possibles. Aussi bien, au moment des éclipses, ces images, sur le sol, ne sont plus circulaires mais reparaissent sous la forme d'un croissant correspondant à la grandeur de l'éclipse.

Il suit de la propriété qu'ont les rayons lumineux de venir ainsi dessiner les objets sur un écran placé en arrière d'une telle ouverture, que l'on peut disposer un appareil de façon à recevoir sur une surface inclinée, sur un écran la représentation de tout un paysage, d'un monument, d'une place publique, d'une rue, etc. Au Conservatoire des arts et métiers, à Paris, vous pouvez admirer une pareille disposition dans la dernière salle. Par une ouverture pratiquée dans le mur, un miroir et une lentille, l'image de la rue située en arrière du bâtiment se dessine nettement, dans l'intégrité des lignes et des couleurs, sur l'écran disposé pour la recevoir. Les passants, les voitures, les groupes, tous les mouvements s'y reproduisent avec une telle fidélité qu'on peut les reconnaître.

Mais ce spectacle n'est pas seulement amusant On peut avantageusement l'utiliser pour le dessin, et sans connaître pour cela l'art du dessin ou de la peinture, on peut suivre au trait les contours de l'image et la fixer sur l'écran. Pour cette application on donne à la chambre noire une disposition particulière. Elle est d'abord construite légèrement et sous un petit volume, afin qu'elle soit portative. La plus simple et la plus commode est celle de Charles Chevalier, composée simplement de trois pieds de bois portant à leur jonction supérieure un disque de même substance entouré d'un rideau noir qui, en retombant, forme la chambre obscure autour du dessinateur. Contre les trois pieds, d'une hauteur convenable, est disposée la tablette sur laquelle se projette l'image Enfin au-dessus du disque supérieur et au centre, dans un tube de cuivre percé par côté est un prisme de verre qui renvoie sur la tablette l'image nette et exacte dont le dessinateur peut prendre les contours sur une feuille de papier.

C'est sur les propriétés de la chambre obscure que l'art de la *photographie* s'est établi. Au foyer d'une chambre obscure horizontale se place une plaque de verre sensibilisée, qui reçoit, comme

Fig. 70. — Optique. La chambre noire.

l'écran dont nous avons parlé plus haut, l'image de la personne ou des objets à photographier. En vertu des propriétés chimiques de cette plaque sensibilisée, l'image se dessine sur la couche d'iodure d'argent que cette plaque a reçue, et par certains procédés chimiques, on révèle et on fixe l'image dessinée par la lumière.

La chambre claire, ou *camera lucida*, offre beaucoup d'analogie avec la chambre obscure, et elle en diffère précisément dans le sens indiqué par son nom. On s'en sert, comme de la précédente, pour obtenir par le dessin une image fidèle d'un paysage, d'un monument, etc. Wollaston, qui l'a imaginée en 1804, la fait consister en un petit prisme de verre à quatre faces dont voici une coupe.

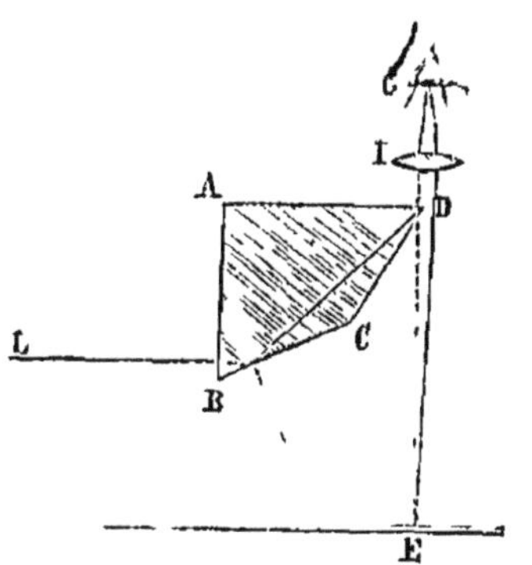

Fig 71. — Coupe et marche des rayons dans la chambre claire.

L'angle A est droit, l'angle B est de 67 degrés et demi, l'angle C de 135, et l'angle D de 67 et demi, comme le second. On monte ce prisme sur un pied à tirage qui donne la faculté de le hausser ou de le baisser à volonté, et de le tourner plus ou moins. Le jeu des rayons, dans cet appareil, est facile à observer. Les angles sont construits de telle façon que les rayons partis de L arrivent perpendiculairement à la face droite AB, sortent réfractés perpendiculairement de la face CB, et viennent former l'image au point E. En réalité, la marche est un peu plus compliquée; mais c'est là qu'elle aboutit. Il est toutefois difficile de dessiner cette image, car elle se trouve plus éloignée de l'œil que le crayon. On a corrigé ce défaut par l'interposition de la lentille I, mais il est assez difficile de s'en servir. On a encore perfectionné l'appareil en combinant le jeu d'un prisme triangulaire et d'une plaque de verre. Ch. Chevalier a rendu le dessin plus facile en adaptant des verres colorés qui rendent la distribution de la lumière plus uniforme. Mais l'appareil est resté incommode, et son usage est loin d'égaler celui de la chambre obscure.

Voici un procédé récemment communiqué à l'Académie des sciences, et très-facile à employer; il repose sur un phénomène d'optique et de physiologie.

On commence par prendre un morceau de glace étamée, un peu arrondi par un coin, afin de pouvoir l'appliquer commodément dans l'angle formé par le nez et l'œil *gauche*. On se place en face d'un pan de mur et d'un écran garni d'une feuille de papier blanc, et en tournant le dos aux objets qu'on veut dessiner. En regardant avec l'œil gauche dans le miroir qui s'y trouve appliqué, on voit naturellement, par réflexion, lesdits objets qui se trouvent derrière vous ; mais, en même temps, l'œil droit croit voir sur l'écran les images des mêmes objets. En donnant certaines inclinaisons au morceau de glace ou miroir, on parvient très-facilement à faire coïncider, sur le papier, les images réfléchies, vues par l'œil gauche, avec les images vues en face, par l'œil droit, et cela avec assez de netteté pour pouvoir suivre les contours avec un crayon et les dessiner. On peut ainsi obtenir, au moyen d'un appareil que chacun peut fabriquer, les effets obtenus de la *camera lucida*.

X

LES SPECTRES

Nous ferons choix, pour clore la série des illusions optiques, de la plus singulière et de la plus nouvelle d'entre toutes. Si ce n'est la plus gaie et la plus coquette, c'est du moins la plus curieuse.

On donne le nom de *spectres*, en optique, à certaines illusions de la vue, qui croit saisir une réalité là où il n'y a qu'une image. Cette image, qui fait l'objet du spectre, peut même ne pas exister au dehors et n'être qu'une illusion de l'œil lui-même, de la rétine, du nerf optique, ou même simplement de l'imagination. Il y a une telle connexion entre nos sens et notre esprit, que nous pouvons à notre insu transporter dans le domaine extérieur ce qui n'appartient qu'au monde de nos pensées. Un tableau qui nous a vivement frappé pendant le jour peut nous réapparaître en rêve, avec sa même forme, ou sous un aspect modifié au caprice des mouvements internes de notre pensée. Une terreur soudaine peut éveiller en nous des illusions optiques qui ne cessent de nous poursuivre. La crainte, le désespoir, la passion, l'ambition, les fortes tensions de notre esprit, peuvent évoquer des images en rapport avec l'état de notre cerveau; nous les prenons pour des réalités, ou si nous n'en sommes pas entièrement dupes, c'est à notre faculté de raisonnement que nous devons de pouvoir redresser l'erreur de notre esprit abusé. « Dans les moindres phénomènes, dit sir David Brewster, nous trouvons que la rétine est assez puissamment influencée par les impressions extérieures pour retenir l'image des objets visibles longtemps après que ces objets sont hors de vue : observons, d'ailleurs, qu'elle est si fortement excitée par des pressions locales dont on ne connaît quelquefois ni la nature ni l'origine, que l'on voit se mouvoir des images informes de lumière colorée dans les ténèbres; enfin rappelons-nous, comme dans l'exemple de Newton et d'autres, que l'imagination a le pouvoir de révivifier les impressions des objets formellement lumineux pendant plusieurs mois et même plusieurs années après que ces impressions ont eu lieu. Après de tels phénomènes, l'esprit comprend que la transition n'est pas forcée pour arriver aux illusions de spectre qui, dans un état particulier de santé, ont affecté les hommes les plus intelligents, non-seulement parmi les gens du monde, mais encore parmi les savants. »

Les spectres peuvent donc, au premier abord, être divisés en deux catégories : ceux que l'on peut appeler subjectifs, qui ressortissent à notre constitution organique ou intellectuelle, et qui rentrent dans le domaine de la physiologie ; et ceux que l'on peut appeler objectifs, qui ont le monde extérieur pour réceptacle et qui appartiennent à la science de l'optique. Nous passerons légèrement sur les premiers, et nous les illustrerons par un seul exemple ; nous consacrerons une attention plus scientifique au second ordre.

Walter Scott, dans ces curieuses *Lettres sur la démonologie*, rapporte un exemple mémorable du premier genre de spectres. Un médecin fut appelé pour donner des soins à un homme qui occupait une place éminente dans un département particulier de l'administration de la justice. Jusqu'au moment où la présence du docteur devint nécessaire, il avait, dans toutes les occasions où on l'appelait comme arbitre, montré un bon sens, une fermeté et une intégrité plus qu'ordinaires. Mais à partir d'une certaine époque, son humeur s'assombrit, bien que son esprit gardât toute sa force et sa sérénité. En même temps, la lenteur du pouls, le manque d'appétit, une digestion laborieuse, parurent au médecin indiquer quelque source sérieuse d'inquiétudes. Tout d'abord le malade sembla disposé à tenir secrète la cause de son changement de santé. Son air sombre, l'embarras de ses réponses, la contrainte mal déguisée avec laquelle il répondait brièvement aux interrogations de la science, engagèrent le savant praticien à prendre d'autres informations. Il s'enquit minutieusement auprès des membres de la famille de l'infortuné; mais il ne put en tirer aucun éclaircissement. Tous se perdaient en conjectures sur un état alarmant qui ne paraissait justifié par aucune perte dans la fortune, aucun chagrin résultant d'un être enlevé à sa tendresse; on ne pouvait, à son âge, lui supposer d'affection déçue, et son caractère ne permettait pas un seul instant de lui supposer de remords. Le médecin dut de nouveau recourir à la voie directe, et il fit valoir auprès de son malade les plus sérieux arguments qu'il crut capables de vaincre son obstination. Enfin ce dernier se laissa convaincre, et finit par exprimer un jour le désir de s'ouvrir avec franchise au docteur. On les laissa tête à tête, toutes portes fermées, et le malade fit l'étrange confidence qu'on va lire :

— Vous ne pouvez, mon cher ami, être plus convaincu que je ne le suis que je me trouve à la veille de mourir, accablé par la fatale maladie qui dessèche les sources de ma vie. Vous vous-souvenez, sans doute, de quel mal mourut le duc d'Olivarez, en Espagne?

— De l'idée, dit le médecin, qu'il était poursuivi par un apparition à l'existence de laquelle il ne croyait pas; et il mourut parce que la présence de cette vision imaginaire l'emporta sur ses forces et lui brisa le cœur.

— Eh bien, mon cher docteur, reprit le malade, je suis dans le même cas; et la présence de la vision qui me persécute est si pénible et si affreuse, que ma raison est totalement hors d'état de combattre les effets de mon imagination en délire, et je sens que je meurs victime d'une maladie imaginaire. Mes visions commencèrent il y a deux ou trois ans. Je me trouvai alors embarrassé de temps en temps par la présence d'un gros chat qui se montrait et disparaissait, je ne pouvais trop dire comment; mais enfin la vérité se fit sentir à mon esprit, et je fus forcé de le regarder, non comme un animal domestique, mais comme une vision qui n'avait d'existence que par suite d'un dérangement dans les organes de ma vue, ou dans mon imagination. Je n'ai pas d'antipathie contre cet animal, j'aime plutôt les chats : aussi endurais-je avec assez de patience la présence de mon compagnon imaginaire, si bien qu'à la fin elle m'était devenue presque indifférente. Mais, au bout de quelques mois, le chat disparut et fit place à un spectre d'une nature plus relevée, ou qui du moins avait un extérieur plus imposant. Ce n'était rien moins qu'un des huissiers de la chambre des pairs d'Angleterre, costumé dans tout l'appareil de sa dignité.

Ce personnage, portant l'habit de cour, les cheveux en bourse, une épée au côté, un habit brodé au tambour, et le chapeau sous le bras, glissait à côté de moi comme une ombre; soit dans ma propre maison, soit dans celle d'un autre, il montait l'escalier devant moi, comme pour m'annoncer dans le salon. Quelquefois il semblait se mêler parmi la compagnie, quoiqu'il fût évident que personne ne remarquait sa présence, et que je fusse seul témoin des honneurs chimériques que cet être imaginaire semblait se plaire à me rendre. Cette fantaisie de mon cerveau ne fit pas sur moi une très-forte impression, mais elle me porta à concevoir des doutes sur la nature de ma maladie et à craindre les effets qu'elle pouvait produire sur ma raison. Cette seconde phase de mon mal devait aussi, comme la première modification, avoir son terme. Quelques mois après, le spectre de l'huissier de la chambre cessa de se montrer, et il fut remplacé par une apparition terrible à la vue et désolante pour l'esprit : ce fut un squelette.

Seul ou en compagnie, cette affreuse image de la mort ne me quitte jamais; attaché à mes pas, le fantôme me suit partout, c'est une ombre inséparable de moi-même. C'est en vain que je me suis répété cent fois qu'il n'a pas de réalité et que ce n'est qu'une illusion de mes sens; les raisonnements de la philosophie et mes principes religieux, tout solides qu'ils sont, demeurent insuffisants à triompher d'une telle obsession, et je sens bien que je mourrai victime de ce mal cruel.

— Il paraît donc, interrompit le docteur, que ce squelette est toujours présent à vos yeux?

— C'est mon malheureux destin de le voir sans cesse devant moi.

— En ce cas, il est en ce moment visible pour vos regards?

— Il y est présent.

— Et dans quelle partie de la chambre croyez-vous maintenant voir cette apparition? demanda le médecin.

— Au pied de mon lit, répondit le malade; quand les rideaux sont entr'ouverts, je le vois se placer entre deux et remplir l'espace vide.

— Vous dites que vous sentez que ce n'est qu'une illusion, reprit le docteur; avez-vous assez de fermeté pour vous en convaincre positivement? Pouvez-vous avoir le courage de vous lever et d'aller vous placer à l'endroit qui vous paraît occupé par le spectre, pour vous démontrer à vous-même que ce n'est qu'un rêve ?

Le pauvre homme soupira et secoua la tête négativement.

— Eh bien, ajouta le médecin, nous essayerons un autre moyen.

Il quitta la chaise sur laquelle il était assis au chevet du lit, et, se plaçant entre les rideaux entr'ouverts à la place indiquée du squelette, il demanda si l'apparition était encore visible.

— Pas tout à fait, répondit le malade, parce que vous vous trouvez entre lui et moi ; mais je vois son crâne au-dessus de votre épaule.

En dépit de sa philosophie, le savant docteur tressaillit en entendant une réponse qui annonçait si distinctement que le spectre idéal était immédiatement derrière lui. Il eut recours à d'autres questions et employa divers moyens de guérison ; mais toujours sans succès. L'accablement du malade ne fit qu'empirer, et il mourut avec la détresse d'esprit dans laquelle il avait passé les derniers mois de sa vie. Cet exemple est une triste preuve du pouvoir qu'a l'imagination de tuer le corps, même quand les terreurs fantastiques qu'elle éprouve ne peuvent détruire le jugement de l'infortuné qui les souffre. Nous dirons plus : les hommes même ayant la plus grande force de nerfs ne sont pas exempts de semblables illusions.

Le second genre de spectres, qui intéresse plus particulièrement l'optique, n'est pas seulement un résultat de l'imagination abusée, mais une production de l'art inspiré par la science. Nous allons bientôt en décrire le mécanisme. Auparavant, une comparaison vulgaire, que tout le monde peut vérifier, aidera à le bien comprendre.

Lorsque nous nous trouvons, en vertu de nos habitudes fort peu lacédémoniennes, dans l'intérieur d'un café splendidement illuminé, comme sur le boulevard des Italiens ou sur le boulevard Montmartre, à Paris, nous pouvons observer que les glaces qui forment la devanture du café jouent un peu l'office de miroirs. Le boulevard est moins éclairé que l'intérieur où nous sommes. Notre image, celle des personnes qui jouent ou se délectent en dégustant un verre de verte chartreuse, se réfléchissent dans ces glaces, et comme la transparence de ces mêmes glaces nous permet de voir en même temps les promeneurs du boulevard, nos images rencontrent lesdits promeneurs, et l'apparence se mêle à la réalité. Or la formation des spectres sur une scène où jouent des acteurs est la même que la rencontre de nos images éclairées avec des promeneurs (moins éclairés que nous) qui passent à l'extérieur.

Un grand nombre de personnes ont pu admirer à Paris, depuis quelques années, des spectres dont

Fig. 72. — Le spectre. Illusion d'optique.

l'apparition était produite à l'aide de dispositions spéciales basées sur les données que nous venons d'indiquer. Le théâtre du Châtelet et le théâtre Déjazet ont cru devoir emprunter à cette expérience d'optique un ressort de plus pour venir en aide à leurs ficelles dramatiques. Mais celui qui l'a exécutée avec le succès le plus grand et avec une perfection qui rend l'illusion complète, est M. Robin, le physicien du boulevard du Temple. Cette supériorité, du reste, n'aura pas lieu d'étonner quand on saura que M. Robin est lui-même l'inventeur du système dont nous parlons plus loin et qu'on ne trouve décrit avant lui dans aucun ouvrage sur la matière. Il montrait déjà ses spectres, à l'étranger, dès 1847. Nous avons vu les affiches de cette époque qu'il nous a communiquées. On a voulu contester à M. Robin la priorité de cette invention, et il a prouvé victorieusement, titres en mains, les droits incontestables qu'il y avait. On le voit depuis lors tous les soirs, sur son théâtre, évoquer des fantômes qui viennent se dresser devant lui, ombres impalpables qu'il peut impunément transpercer de coups d'épée, et qui s'évanouissent instantanément sur un ordre du magicien dont ils reconnaissent l'empire. On voit là un zouave d'Inkermann, qui ressucite au son du tambour, et vient, pâle et grave, montrer sa croix et ses blessures qui ont ouvert sa poitrine. Dans un autre tableau, une jeune dame, un bouquet à la main, s'approche du prestidigitateur d'un air suppliant; elle lui montre, de son doigt rose, une table placée devant lui, et semble le prier de faire parler les esprits qui habitent ce meuble, prière que le physicien s'empresse de satisfaire.

Notre dessin représente l'une de ces scènes et donne une connaissance exacte de la disposition des appareils pour produire des spectres. Le théâtre se trouve coupé transversalement. A gauche, au fond, est le public, et à droite on voit le plancher qui forme la scène des spectres. C'est sous le théâtre que se tient l'acteur vêtu de blanc dont l'image réfléchie doit servir de fantôme. Sur le devant de la véritable scène, en avant même des draperies, se trouve encastrée dans un cadre mobile, une glace sans tain de la plus grande dimension possible, et inclinée à 45 degrés par rapport au plan du théâtre. Nous disons glace et non verre, parce que la surface de réflexion doit être d'une pureté rigoureuse; ce n'est qu'à cette condition expresse que l'image acquiert toute sa netteté. Quant au personnage qui figure, il doit se placer sous le théâtre de façon à rendre son image rigoureusement verticale, malgré l'inclinaison de la glace.

Au moment fixé pour l'apparition, on projette sur le sujet les rayons éblouissants émanant du foyer d'une lanterne sourde alimentée par le gaz

Fig. 75. — Comment on produit les spectres.

oxy-hydrogène, et le spectre va se peindre instantanément à côté de l'acteur réel jouant sur la scène, et à la même distance derrière la glace qu'il s'en trouve par devant. Pour faire disparaître le spectre, il suffit de *refermer* la lanterne : l'image s'évanouit d'un seul coup. Sur notre gravure, nous voyons un brigand aux prises avec un fantôme, mais le spectre ne peut être vu de lui, puisque le brigand est placé derrière la glace. Ces sortes de scènes, en conséquence, ne peuvent s'exécuter qu'à tâtons.

Il est bon d'éclairer faiblement le théâtre pendant ces expériences, car alors, le personnage spectre devant être éclairé fortement sous la scène, il s'en détachera mieux sur un fond obscur.

La théorie de ce procédé paraît exclusivement simple au premier abord. Toute la difficulté est dans l'exécution.

On ne saurait croire les essais sans nombre qu'il faut tenter avant de parvenir à un résultat satisfaisant. Il faut d'abord combiner avec justesse les mouvement des acteurs, dont l'un ne peut jouer qu'à tâtons derrière la glace. Celui qui fait le rôle de spectre, sous la scène, doit se tenir renversé à 45 degrés, pour se trouver sur un plan parallèle à la glace qui est penchée sous le même angle, et de là pour lui une difficulté sérieuse à marcher dans cette position gênante. C'est peut-être un des plus sérieux empêchements que l'on puisse rencontrer dans cette expérience.

La masse du public ignore sans doute également que pour ce même acteur, les mouvements sont réglés en sens inverse de ce qu'ils doivent être réellement. Par exemple, le zouave est forcé de tirer le sabre de la main gauche pour que ce soit la droite qui vienne se figurer dans la surface réfléchissante.

Bien exécutée, cette expérience laisse loin derrière elle tous les effets du même genre obtenus par les anciens dans leurs illusions magiques. Il devient incontestable, contrairement à ce que plusieurs ont supposé, qu'ils n'ont pu appliquer le procédé que nous venons d'indiquer, puisqu'ils ignoraient l'art de fabriquer le verre par le mode du coulage, qui seul permet d'avoir des glaces bien pures et de dimensions raisonnables.

Les apparitions de spectres vivants et impalpables restent donc une conquête toute moderne, comme nous venons de le prouver plus haut, qui a pris place dans les applications de la science au théâtre et dans les cabinets de physique au même titre que la fantasmagorie.

FIN.

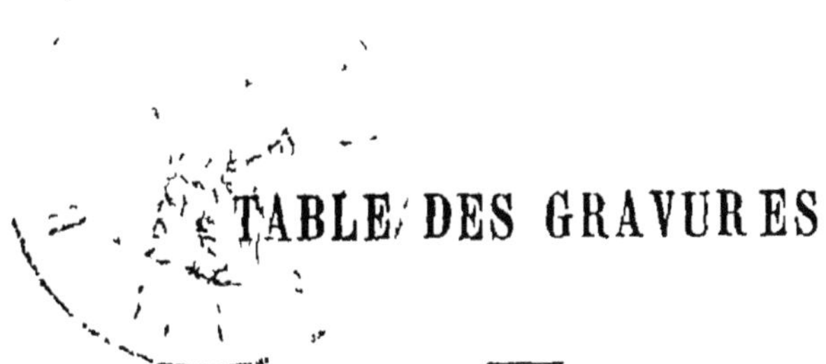

TABLE DES GRAVURES

TABLE DES MATIÈRES

PHÉNOMÈNES DE LA VISION.

LOIS DE LA LUMIÈRE.

MAGIE NATURELLE OU OPTIQUE AMUSANTE

PARIS. — IMPRIMERIE SIMON RAÇON ET COMP., RUE D'ERFURTH, 1.

www.ingramcontent.com/pod-product-compliance
Ingram Content Group UK Ltd.
Pitfield, Milton Keynes, MK11 3LW, UK
UKHW021844190726
13855UKWH00001B/145

9 782013 572156